DEUTSCHE DEMOKRATISCHE REPUBLIK
DEUTSCHE AKADEMIE
DER LANDWIRTSCHAFTSWISSENSCHAFTEN ZU BERLIN

ZEITSCHRIFT FÜR LANDESKULTUR

AKADEMIE-VERLAG · BERLIN

BAND 11 · 1970 · HEFT 5

Z. Landeskultur · Bd. 11 · 1970 · H. 5 · S. 317–399 · Berlin

Herausgeber: Deutsche Demokratische Republik · Deutsche Akademie der Landwirtschaftswissenschaften zu Berlin

Chefredakteur: Prof. Dr. habil. WOLFGANG KREIL

Redaktionelle Bearbeitung: Dr. CHRISTA GÜNTHER

Die Zeitschrift für Landeskultur erscheint in Heften mit einem Umfang von je 5 Druckbogen (80 Seiten). Die innerhalb eines Jahres herausgegebenen 6 Hefte bilden einen Band. Das letzte Heft eines Bandes enthält Inhalts-, Autoren- und Sachverzeichnis.

Der Preis je Heft beträgt 10,– M. Sonderpreis für die DDR 5,– M.

Die Schriftleitung nimmt nur Manuskripte an, deren Gesamtumfang 20 Schreibmaschinenseiten nicht überschreitet und die bisher noch nicht, auch in anderer Form, im In- oder Ausland veröffentlicht wurden. Jeder Arbeit ist eine Zusammenfassung mit den wichtigsten Ergebnissen (nicht länger als 20 Zeilen), wenn möglich auch in russischer und englischer bzw. französischer Sprache, beizufügen. Gegebenenfalls erfolgt die Übersetzung in der Akademie.

Manuskripte sind zu senden an die Schriftleitung, Deutsche Akademie der Landwirtschaftswissenschaften zu Berlin, Institut für Grünland- und Moorforschung, 1551 Paulinenaue

Die Autoren erhalten Umbruchabzüge zur Korrektur mit befristeter Terminstellung. Bei Nichteinhaltung der Termine erteilt die Redaktion Imprimatur.

Für jede Arbeit werden unentgeltlich 100 Sonderdrucke geliefert. Das Honorar beträgt 40,– M je Druckbogen und schließt auch die Urheberrechte für das Bildmaterial ein. Dissertationen, auch gekürzte bzw. geänderte, werden nicht honoriert.

Verlag: Akademie-Verlag GmbH, 108 Berlin, Leipziger Straße 3–4, Fernruf 220441. Telex-Nr. 112020. Postscheckkonto: Berlin 35021. Bestellnummer dieses Heftes: 1063/XI/5.

Veröffentlicht unter der Lizenznummer 1308 des Presseamtes beim Vorsitzenden des Ministerrates der Deutschen Demokratischen Republik.

Gesamtherstellung: VEB Druckerei „Thomas Müntzer", 582 Bad Langensalza. Kartengenehmigung Nr. 492/70.

DEUTSCHE DEMOKRATISCHE REPUBLIK
DEUTSCHE AKADEMIE
DER LANDWIRTSCHAFTSWISSENSCHAFTEN ZU BERLIN

ZEITSCHRIFT FÜR LANDESKULTUR

Arbeiten aus den Fachgebieten Meliorationswesen, Grünlandkunde und Landschaftsplanung

AKADEMIE-VERLAG · BERLIN

BAND 11 · 1970 · HEFT 5

Z. Landeskultur · Bd. 11 · 1970 · H. 5 · S. 317–399 · Berlin

Inhalt

Содержание

Contents

Z. Landeskultur · Bd. 11 · 1970 · H. 5 · S. 317–338 · Berlin

VEB Geologische Forschung und Erkundung Halle, Betriebsteil Freiberg, und Bereich Freiflächen- und Landschaftsgestaltung, Sektion Pflanzenproduktion der Humbold-Universität zu Berlin

Manfred Wünsche, Albrecht Schubert
und Wolfgang-Dieter Lorenz

Die Bodenformen der Kippen und Halden im Braunkohlengebiet südlich von Leipzig*

Mit der Braunkohlengewinnung in der Deutschen Demokratischen Republik ist derzeit eine Devastierung von jährlich etwa 3000 ha vorwiegend land- und forstwirtschaftlicher Nutzflächen verbunden. Diese Flächen müssen in möglichst kurzer Frist für die Land- und Forstwirtschaft, die Wasserwirtschaft oder für Erholungszwecke wieder nutzbar gemacht werden; anderenfalls sind landschaftliche Schäden und Verluste für die Volkswirtschaft unvermeidlich. Die Wiedernutzbarmachung erfordert eine genaue Planung aller hierbei notwendigen Maßnahmen, die aber ohne Kenntnis der standörtlichen Bedingungen auf den Kippen und Halden nur unzureichend möglich wäre. Auch die weitere Bewirtschaftung der älteren Kippenflächen ist nur erfolgreich, wenn die besonderen Standortsverhältnisse berücksichtigt werden. Hieraus wird die große Bedeutung von Standortsuntersuchung und -kartierungen deutlich.

Die Methode dieser Kartierungen lehnt sich so eng wie möglich an diejenige der forstlichen Standortserkundung an. Daß sie von jener durch einige Besonderheiten abweicht, namentlich bei der Definition der Bodenformen, ergibt sich aus der Natur der Standorte auf Kippen und Halden.

Die methodischen Fragen des Kartierungsverfahrens werden ausführlich in einer anderen Arbeit behandelt (Lorenz, Wünsche und Kopp 1970). Der folgende Beitrag befaßt sich mit den Kartierungsergebnissen aus dem Kippengebiet, das durch den Braunkohlenabbau südlich von Leipzig entstanden ist. Die Gliederung und Beschreibung der Bodenformen nehmen darin den breitesten Raum ein, da die Bodenformen von allen Teileinheiten der Standorte auf Kippenflächen bisher am besten erfaßt sind. Dabei handelt es sich hier ausnahmslos um Rohbodenformen; denn die Untersuchungen wurden durchweg auf frisch geschütteten Kippen vorgenommen. Vorausgeschickt wird ein Überblick über den Landschaftscharakter und den geologischen Aufbau des Untersuchungsgebietes, der zusammen mit einigen Bemerkungen zur Entstehung des Kippengeländes das heutige Bodenformenmosaik besser verstehen läßt. Abschließend legen wir unsere Vorstellungen über die Auswertung der Kartierungsergebnisse für die Grundmelioration dar.

* Berücksichtigt wurden Vorschläge von Wolf-Dieter Oehme, Werner Schützenmeister und Ernst Wagner.

1. Lage und Landschaftscharakter des Untersuchungsgebietes

Das südlich von Leipzig gelegene Braunkohlengebiet erstreckt sich bis in den Raum von Altenburg. Es wird begrenzt durch die Verbindungslinien der Orte Liebertwolkwitz – Flößberg – Frohburg im Osten und Kulkwitz – Profen – Zeitz im Westen (siehe Übersichtskarte). Die größte Ausdehnung beträgt von Nord nach Süd etwa 25 km, von Ost nach West 22 km.
Nach der naturräumlichen Gliederung von NEEF (1960) gehört der nördliche Teil des Untersuchungsgebietes zum „Leipziger Land", während der südliche Teil dem „Altenburger Lößgebiet" zuzuordnen ist. Die höchsten Erhebungen befinden sich mit ca. 250 m NN bei Meuselwitz. Der tiefste Punkt wird mit etwa 115 m NN südlich Markkleeberg erreicht. Die Entwässerung des Gebietes erfolgt durch die Weiße Elster und die Pleiße mit ihren Nebenflüssen Schnauder, Wyhra, Eula und Gösel.

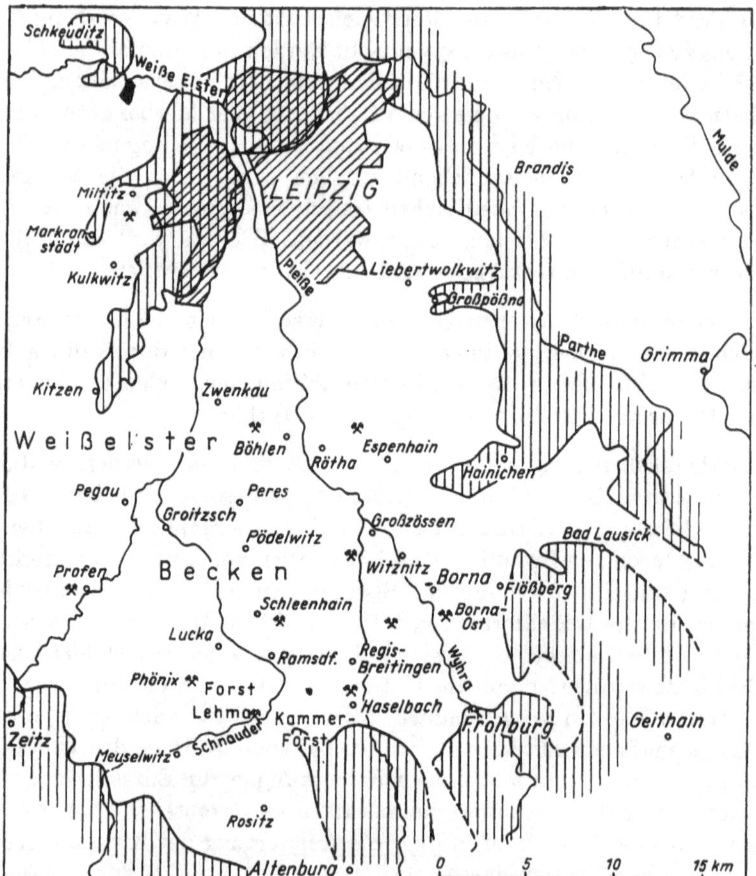

Abb. 1: Übersichtskarte des Braunkohlenreviers südlich von Leipzig (mit Begrenzung des „Weißelster-Beckens" nach HOHL 1960)

Die Oberflächenformen werden im Süden von breiten Rücken und kleineren Hügeln gebildet. Nördlich von Lucka — Regis ist die Landschaft durch ausgedehnte Plateaus gekennzeichnet, die nach Norden an Höhe verlieren und allmählich in breite Ebenen übergehen.
Der ständige Abbau der Braunkohlenflöze veränderte weithin das Landschaftsbild. Abgesehen von örtlichen Absenkungen durch ehemalige Tiefbaufelder entstehen in Tagebaubereichen vor allem Halden, Kippen und Tagebaurestlöcher. Ferner werden die Gewässer sowie das Siedlungs- und Verkehrsnetz beeinflußt.
Der seit etwa der Jahrhundertwende betriebene Braunkohlentagebau beanspruchte im Untersuchungsgebiet hauptsächlich fruchtbare Acker- und Wiesenböden mit Bodenzahlen zwischen 50 bis 80. Im Norden sind es tondurchschlämmte, z. T. stauwasserbeeinflußte Sandlößböden über Geschiebelehm und tiefgründige Auenböden, im mittleren und südlichen Bereich dagegen mächtigere Lößlehm- bzw. Lößböden über Geschiebelehm und Schmelzwassersanden.
Die Devastierung des Kammerforstes, Luckaer Forstes und der Harth sowie der Bau ausgedehnter Industrieanlagen mit ihren Rauch- und Staubquellen beeinflußten in vielfältiger Hinsicht die Landschaft und veränderten das Standortsklima.

2. Geologie des Untersuchungsgebietes

Das Untersuchungsgebiet gehört geologisch zum zentralen Teil des „Weißelster-Beckens", einer tertiären Binnensenke (Meyer 1951; Hohl 1959, 1960; Pietzsch 1962; Eissmann 1968), dessen Schichtenfolge als Übersicht in Tabelle 1 dargestellt ist.
Das Tertiär beginnt mit fluviatil-limnischen mitteleozänen bis mitteloligozänen Sedimenten. Diese wurden als Deltaschüttung von einem aus SE sowie einem aus SW kommenden Fluß abgelagert. Der Verlauf der Flüsse ist durch die erhalten gebliebenen Flußsandzonen markiert (fluviatile Fazies). Feine Bestandteile sedimentierten als tonige Sande, Schluffe und Tone beiderseits der Flußsandzonen (limnische Fazies). Typisch für diesen mitteleozänen bis mitteloligozänen Schichtenkomplex ist eine zyklische Sedimentationsfolge. Über basalen grobkörnigen Ablagerungen, wie Kiesen und Grobsanden, folgen jeweils zunehmend mittel- und feinkörnige und z. T. schluffig-tonige Sande sowie Schluffe und Tone. Den Abschluß bilden meist ausgedehnte Braunkohlenflöze (Flöze I, II bzw. III und IV). Nach der Bildung des Oberflözes (Flöz IV nach Meyer) wurden weite Teile des Weißelster-Beckens vom Mitteloligozänmeer bedeckt. Die in dieser Zeit gebildete Schichtenfolge weist im Übergangsbereich von vollmarinen (im Norden) bis fluviatil-limnischen Sedimentationsbedingungen (im Süden) einen horizontalen sowie vertikalen, relativ raschen Fazieswechsel auf. Eine enge Verzahnung dieser Faziesbereiche ist besonders westlich Zwenkau zu beobachten.
Gegen Ende des Mitteloligozäns führte eine weiträumige Heraushebung NW-Sachsens zum Rückzug des Meeres und leitete eine flächenhafte und lineare

Tabelle 1
Die Ablagerungen im Weißelsterbecken (nach HOHL 1960, HÄNDEL 1960, EISSMANN 1968, ergänzt durch OEHME und WÜNSCHE 1969)

Holozän		Auenlehm; schluffiger Lehm, zuunterst tonig, braun, ca. 2 m mächtig Flußschotter; sandig-kiesig, grau, 3—5 m mächtig	
Pleistozän	Weichselkaltzeit	Löß, Lößlehm, Sandlößlehm; schluffiger Lehm, ± sandig, z. T. karbonathaltig, gelb — braun, 0,5 bis 1 m, im SW bis 4 m mächtig Jungpleistozäne Flußschotter der Elster, Pleiße und Wyhra; ± stark sandiger Kies, gelb — braun, 2—5 m mächtig	
	Saalekaltzeit (Hauptvorstoß)	Geschiebelehm; sandiger Lehm, braun, 2—5 m mächtig „Böhlener Bänderton"; toniger Schluff, hellbraun, bis 1 m mächtig Mittelpleistozäne Flußschotter der Saale, Elster, Schnauder, Pleiße, Wyhra und Mulde; ± stark sandiger Kies, gelb — braun, 2—5 m mächtig	
	Elsterkaltzeit (2. Vorstoß) (1. Vorstoß)	Schmelzwassersand; kiesiger Sand, gelb — braun, bis 5 m mächtig Geschiebemergel; karbonathaltiger sandig-toniger Lehm mit Geschieben, dunkelgrau, 5—6 m mächtig „Peniger Bänderton"; karbonathaltiger toniger Schluff, dunkel — hellgrau, 0,2—1,5 m mächtig Geschiebemergel; karbonathaltiger sandig-toniger Lehm, dunkelgrau, selten über 2 m mächtig „Leipziger Bänderton"; karbonathaltiger toniger Schluff, dunkel — hellgrau, 0,5—1,0 m mächtig Altpleistozäne Flußschotter der Elster, Pleiße, Wyhra, Großpößnaer Fluß und Mulde; stark sandiger Kies, hellgrau — gelb, 4—10 m mächtig	
Tertiär	Oberoligozän	Verschiedenkörnige Sande und Kiese sowie Tone, grau, 20—30 m mächtig	
	Mitteloligozän	„Formsand" („Pödelwitzer Sand"); Sand, fein, schwach schluffig, geschichtet, grau — braun, bis über 40 m mächtig	
		„Glaukonitsand" („Grauer Meeressand"); Sand, fein, schwach schluffig, wechselnd glaukonitisch, grau, kalkhaltig, z.T. mit Kalk- und Phosphoritkonkretionen „Braunder Sand" („Brauner Meeressand"); Sand, mittel — fein, kohlig, schwach schluffig, schwarz — braun, zahlreiche Kohleschmitzen, örtlich von 1 m mächtigem Kohleflöz unterlagert	„Jüngere Flußsande"; Sand, mittel — grob, grau, lokal geringmächtiges Flöz zwischengeschaltet
		„Böhlener Oberflöz" (Flöz IV); ursprünglich am weitesten verbreitet, im Süden meist erodiert („Mittlere Flußsande"); im Norden 8—10 m, z. T. 12—14 m mächtig, im N und NE von Leipzig ausgehend	

	Mitteloligozän bis Obereozän	„Mittel"; scharfe, gröbere bis feine Sande, grau, 5—7 m mächtig, daneben oder über diesen im Hangenden des „Thüringer Hauptflözes" überwiegend 6—8 m, z. T. bis 14 m mächtiger, vorwiegend fetter Ton, örtlich vielfach durch Sandlagen unterbrochen (Leitschicht: „Haselbacher Ton")
	Obereozän bis Mitteleozän	„Thüringer Hauptflöz" (Flöz III); 12—15 m mächtig im „Thüringer Revier" / „Bornaer Hauptflöz" (Flöz II); 12—14 m mächtig im „Bornaer Revier" } werden getrennt durch Flußsandzone („Ältere Flußsande") „Mittel"; feiner Kies bis grober Sand, grau, besonders in Beckenmitte ausgebildet, nach oben z. T. in tonigen Sand und Ton übergehend, 12—15 m, z. T. bis 30 m mächtig „Sächsisch-Thüringisches Unterflöz" (Flöz I); ungleichmäßig mächtig; auf die Mitte des Weißelster-Beckens beschränkt, meist 3—4 m mächtig, in einzelnen Kesseln, besonders im Westen des Gebietes auf 30 m anschwellend „Liegendton"; Ton, fett, grau, meist 4—6 m mächtig „Liegendkieskomplex"; feiner bis mittlerer Kies, grau, gelegentlich mit Sandlagen besonders im Süden, im Norden durch Ton und feine, oft tonige Sande ersetzt. Lokal in der Beckenmitte erste Flözbildung (Flöz ×), 2—5 m mächtig Kaolinton; schluffig-feinsandig, in kaolinisch zersetztes Prätertiär übergehend
Prätertiär		Grauwacke des Algonkiums, quarzitische Gesteine des Tremadoc, Grillenberger Schichten des Westfal D, Rotliegendes mit Porphyren, Bunte Letten und Plattendolomit des Zechsteins, Bunte Letten und Sandsteine des Buntsandsteins

Erosion ein. Eines der tiefeingeschnittenen oberoligozänen Flußtäler ist in dem 2 bis 5 km breiten „Thierbacher Fluß" östlich der Pleiße erhalten geblieben.
Die Lagerungsverhältnisse des Tertiärs zeichnen sich im nördlichen Teil des Weißelster-Beckens durch kaum gestörte und nur im wesentlichen vom Relief des prätertiären Untergrundes abhängige Schichtlagerung aus. Im südlichen Bereich sind dagegen auslaugungsbedingte Lagerungsstörungen und starke Mächtigkeitsschwankungen einzelner Teilzyklen nachweisbar.
Das Pleistozän des Weißelster-Beckens wird vor allem von den Ablagerungen der Elster- und der Saalekaltzeit gebildet. Während der Weichselkaltzeit lag dieses Gebiet im Periglazialbereich, in dem ausschließlich die Löß- und Sandlößsedimentation vorherrschte. Jede Kaltzeit besteht aus mehreren glazialen Zyklen.
Vollständige glaziale Zyklen beginnen mit einer Akkumulation sogenannter „Vorstoßschotter" der nach N zum Eisrand orientierten Flüsse (Flußschotter-, -kiese und -sande) während des Vorstoßes des Inlandeises. Im Hochglazial entstanden in den Tälern vor dem Eisrand Stauseen, in denen sowohl die vom Festland kommenden Flüsse als auch die Schmelzwässer vom Eis her schluffig-toniges Material einspülten. Entsprechend dem jahreszeitlich unterschiedlichen Zufluß entstanden glazilimnische Bändertone. Das vorrückende Eis lagerte die Grundmoränen als mehr oder weniger geschiebeführenden Mergel ab. Oberflächige Verwitterung führte zu unterschiedlich tiefer Entkalkung der Grundmoräne (Geschiebelehm). Klimaschwankungen während des Hochglazials bedingten Oszillationen des Eisrandes und lokale Schmelzerscheinungen. Beim Abschmelzen des Eises bildeten sich vor dem zurückweichenden Eisrand flächenhaft ausgebreitete glazifluviatile Sande und Kiese als Schmelzwassersande, Geschiebesande bzw. Rückzugssande. Am weitesten verbreitet sind die Sedimente der Saalekaltzeit (einschließlich der weichselkaltzeitlichen äolischen Decke), während die der Elsterkaltzeit nur örtlich in größerer Mächtigkeit auftreten.
Die Ablagerungen des Holozäns sind im wesentlichen an die rezenten Flußauen gebunden und bestehen aus Auenlehm und Flußschottern.

3. Entstehung der Kippen im Untersuchungsgebiet

Beschaffenheit und Form der Kippen werden weitgehend bestimmt von den geologischen Verhältnissen, den technischen Ausrüstungen des Abraumbetriebes und der Betriebsorganisation sowie von territorialen Entscheidungen.
Zum Freilegen der Kohle sind vorwiegend Schaufelradbagger oder Eimerkettenbagger unterschiedlicher Größenordnung eingesetzt. In einigen Fällen wirken — meist als Hilfsgeräte — Löffel- bzw. Universalbagger mit.
Der Transport des Ober- und Mittelabraums erfolgt im wesentlichen gleisgebungen. Daneben werden hierfür auch Förderbrücken (Espenhain, Böhlen) und Bandanlagen (Peres) verwendet. Die Abraummassen werden hauptsächlich mit Hilfe von schwenkbaren Bandabsetzern verschiedener Leistungsstärke, die eine Hoch- und Tiefschüttung ermöglichen, bisweilen auch mit Eimerkettenab-

setzern verstürzt. Dabei entstehen Förderbrückenkippen und übereinander geführte Absetzerkippen.
Quartäre bindige Deckgebirgsmassen werden teilweise in besonderen Vorschnittbetrieben, meist aber selektiv im Leistungsbetrieb gewonnen und als Absetzer-, Rückwärts- oder Pflugkippen auf Flächen mit tertiärem Material aufgetragen. Ein genügend mächtiger, in sich ziemlich gleichmäßiger Überzug mit hochwertigen Substraten ist mühelos durchführbar, wenn diese Massen in größerer Mächtigkeit anstehen und sich selektiv gewinnen und transportieren lassen.
Auf den Kippen kann durch gute Organisation und angemessene Rückbreiten — auch bei Absetzerhochschüttung ohne vorherige Planierung der Schüttungsrippen mit Tertiärmaterial — die geforderte Mindestauftragsmächtigkeit erreicht werden. Daneben werden in begrenztem Umfange Rückwärtskippen im Sonderbetrieb gefahren.
Sind im Vorschnitt vorwiegend sandige Ablagerungen vorhanden, so ist durch die zeitlich hohe Auslastung der Gewinnungsgeräte ein selektives Aushalten bindiger Substrate erschwert. Beim Einsatz von Eimerkettenbaggern werden die Massen aus den quartären Deckgebirgsschichten meist stark miteinander vermischt, womit Qualitätseinbußen verbunden sind. Auch auf Vorwärtskippen wird der Kulturbodenauftrag in seiner Qualität oft gemindert, wenn er nachträglich zur Gewährleistung der Standsicherheit der Geräte mit Kies- und Sandstreifen überdeckt wird.
Werden die während des Leistungsbetriebes entstehenden Kulturbodenflächen bei Ausfall der Vorschnittgeräte mit tertiärem Abraum der tieferen Schnitte beschickt, entstehen Kippen mit einem heterogenen Gemisch quartärer und tertiärer Massen. Zum anderen führen auch große Rückbreiten der Absetzer zu einer unvollständigen Bedeckung des bereits verkippten tertiären Materials. Bei der abschließenden Planierung werden dadurch die unterschiedlichen Kippsubstrate weiter schicht-, streifen- und nesterweise miteinander vermengt.
Im Untersuchungsgebiet treten die Kippenflächen nach ihrer Höhenlage hauptsächlich als Flur- und Überflurkippen im Innenkippenbereich auf. Überflurkippen und Außenhalden werden bei begrenzten Möglichkeiten der Innenverkippung angelegt. Im Braunkohlengebiet südlich von Leipzig nehmen heute die älteren und jüngeren Kippen ein Areal von ca. 10000 ha ein.

4. Bodenformen

4.1 Vorbemerkungen

Die bisher im Untersuchungsgebiet gefundenen Bodenformen sind mit ihren Definitionsmerkmalen in Tabelle 2* zusammengestellt. Die Hauptbodenformen sind nach groben Substratunterschieden eingeteilt; sie sind in der Tabelle vom Sand als leichtestem Substrat bis zum Ton als schwerstem angeordnet. Dagegen werden bei den Lokalbodenformen feinere Unterschiede des Substrates und des im HCl-Auszug bestimmten Nährstoffgehaltes berücksichtigt.

* Die Tabelle 2, irrtümlich in der Überschrift als Tabelle 4 bezeichnet, befindet sich am Schluß des Heftes als lose Beilage.

Die Definitionsmerkmale jeder Bodenform sind in der Tabelle durch Kreuze gekennzeichnet. Dadurch heben sich die aus mehr oder weniger einheitlichem Ausgangsmaterial hervorgegangenen Bodenformen deutlich von denen ab, die aus zwei oder mehreren Substraten unterschiedlicher Herkunft entstanden sind. Die Letztgenannten treten meist durch Doppelkreuze in den Spalten der Merkmalsgruppen hervor. Dabei geben große Kreuze vorherrschende Eigenschaften an, kleine dagegen Merkmale mit Anteilen von etwa 10 bis zu 35% im durchwurzelbaren Bodenraum (wenigstens bis 160 cm Tiefe). Als normal angesehen und nicht gesondert vermerkt werden Eigenschaften, die von der Gesamtmasse in nur untergeordnetem Maße abweichen.
In der letzten Spalte der Tabelle 2 werden Hinweise auf das geologische Ausgangsmaterial gegeben, die Rückschlüsse auf die Bodeneigenschaften der betreffenden Lokalbodenform zulassen.
Trotz dieser besonderen tabellarischen Darstellungsweise ist nicht zu ersehen, in welcher Form die verschiedenen Substrate im Kippboden miteinander gemischt sind. Dies wird im nachfolgenden Text neben Bemerkungen über die Hauptkennzeichen der einzelnen Bodenformen näher erläutert.
Als eine Ergänzung zur Tabelle 2 ist die Tabelle 3 gedacht. Sie gibt als Übersicht die Bodenkennwerte der jeweiligen Deckgebirgsschichten wieder, die am Aufbau der verschiedenen Lokalbodenformen beteiligt sind.

4.2 Kippsande

Das geologische Ausgangsmaterial der Kippsande sind pleistozäne Fluß-, Schmelzwasser- und Geschiebesande sowie tertiäre Formsande, Flußsande und sandige Mittel. Auf der Kippe sind mitunter Beimischungen von Geschiebelehm zu finden. Die Kippsande sind durch einen meist niedrigen Anteil an abschlämmbaren Bestandteilen (Fraktionen unter 0,02 mm) und das vorherrschende Einzelkorngefüge gekennzeichnet. Sie sind nahezu frei von organischer Substanz sowie Carbonatkalk und verfügen über ein beachtliches Grobporenvolumen. Demzufolge ist in der Regel die Wasserkapazität nur gering und eine starke Durchlüftung nachweisbar. Das begrenzte Wasserspeicherungsvermögen wird besonders in Trockenzeiten zum ertragsbegrenzenden Faktor.
Der Mangel an Sorptionsträgern bedingt ferner die geringe Umtauschkapazität für Nährstoffe und damit die schlechte Pufferkraft dieser Kippsande. Daher können bereits niedrige Schwefelgehalte, wie sie bei dem tertiären Ausgangsmaterial nachweisbar sind, Bodenreaktion und Basensättigung beeinflussen. Trotz der unterschiedlichen geologischen Herkunft der Sande schwankt ihr Nährstoffgehalt nur unbedeutend. Allgemein ist jedoch mit zunehmendem Schluff- und Tongehalt eine Verbesserung der Nährstoffverhältnisse festzustellen.
Als wesentliches Unterscheidungsmerkmal der Lokalbodenformen ist die Korngrößenzusammensetzung anzusehen.
Der „Zedlitzer Kippsand“ (pleistozäner Flußsand und -kies) tritt vorwiegend als kiesiger grobkörniger reiner Sand auf. Er ist infolge seines sehr niedrigen

Tabelle 3. Bodenchemische Analysenergebnisse der Abraummassen des Weißelsterbeckens (Mittelwerte)

Deckgebirgsschichten	Kohle-gehalt (C_t %)	Humu-gehalt (C_t %)	Reinnährstoffe im 10%ig. HCl-Aufschl. (mg/100 g Subst.)			$CaCO_3$ %	T-Wert (mval/l 100 g Subst.)	V-Wert %	pH-Wert (in KCl)	Gesamt-schwefel (% SO_3)	Zahl der Proben (n)
			Ca	K	P						
Quartär											
Auenlehm	—	1,54	322	64	26	0,2	24,0	51	5,5	0,22	45
Lößlehm	—	0,91	306	87	23	0,2	16,8	56	6,1	0,16	127
Sandlößlehm	—	0,90	345	33	27	0,1	9,5	50	6,5	0,10	5
Löß	—	0,24	3456	86	33	6,7	20,2	82	7,5	0,11	34
Schmelzwassersand	—	0,07	89	46	16	0,1	7,5	56	5,6	0,10	19
Schmelzwassersand (kalkhaltig)	—	0,15	2504	51	15	10,0	5,8	83	7,5	0,27	5
Geschiebelehm	—	0,12	170	82	16	0,2	14,0	61	5,6	0,11	71
Geschiebemergel	0,29		3895	81	19	7,3	13,8	80	7,3	0,36	89
Bänderton	1,32		2750	175	29	4,9	32,1	81	7,4	0,94	31
Flußschotter	—	0,09	56	16	5	0,1	3,7	45	5,8	0,13	79
Flußschotter (kalkhaltig)	—	0,05	1692	41	15	3,5	8,2	84	7,5	0,10	13
Tertiär											
Formsand	0,18		133	55	5	0,2	9,4	47	4,4	0,59	28
Formsand (kohlehaltig)	0,75		143	42	2	0,2	12,5	10	2,8	2,00	7
Glaukonitsand (kalk- u. kohlehaltig)	1,62		2160	100	27	4,6	13,4	75	6,7	1,88	39
Brauner Meeressand	2,87		137	15	1		16,7	11	3,1	3,24	21
Flußsand	0,16		27	11	1		4,4	35	3,9	0,32	69
Flußsand (kohlehaltig)	3,08		72	12	1		8,9	22	3,8	1,14	25
Sandige Mittel	0,14		22	22	2		3,9	32	4,1	0,51	75
Sandige Mittel (kohlehaltig)	2,19		129	25	3		8,2	36	4,4	2,94	40
Schluffige Mittel	0,30		227	8	5		16,9	13	2,2	2,46	11
Schluffige Mittel (kohlehaltig)	6,38		315	21	5		28,6	46	4,8	3,27	57
Tonige Mittel	0,26		144	18	5		12,9	47	4,7	0,47	41
Tonige Mittel (kohlehaltig)	4,43		393	31	7		21,8	50	5,2	2,26	95
Sandige-tonige Mittel (kohlehaltig)	8,95		415	11	3		22,5	42	4,3	2,73	26
Kohle, Flöz I—IV	52,50		2012	12	2		85,0	37	5,3	7,25	141

Gehaltes an abschlämmbaren Bestandteilen der sorptionsschwächste Kippboden.
Seine starke Wasserdurchlässigkeit und die Neigung zu extremer Austrocknung sind besonders hervorzuheben.
Der „Heuersdorfer Kippsand“ (tertiäre Flußsande und sandige Mittel) weist als reiner bis anlehmiger Sand ähnliche bodenphysikalische Verhältnisse auf. Die Reaktionsverhältnisse des Bodens werden dagegen durch die für Sande verhältnismäßig großen Schwefelmengen bestimmt. Das gut durchlüftete, durchlässige Substrat begünstigt einerseits die Schwefelverwitterung und andererseits die Wegführung der Verwitterungsprodukte.
In den ersten Jahren kann mit einer Verschlechterung der Säuregrade und der Basensättigung gerechnet werden, zumal das Material den niedrigsten Basenvorrat aller Kippsande besitzt.
Der „Raupenhainer Kippsand“ (Schmelzwasser- und Geschiebesand, untergeordnet Geschiebelehm) zeichnet sich unter den Kippsanden durch die relativ günstigsten Bodeneigenschaften aus. Der meist anlehmige mittel- bis feinkörnige Sandboden wird lokal durch streifen-, nester- und schichtweise beigemischte lehmige Sande bis sandige Lehme im Hinblick auf Wasser- und Lufthaushalt, Nährstoffpotential und Sorptionskraft verbessert.
Der „Pödelwitzer Kippsand“ (Formsand) verfügt als anlehmiger, z. T. schluffiger Sand über einen auffallend hohen Feinsandanteil. Der Kippboden unterscheidet sich in seinen physikalischen Eigenschaften und im Nährstoffvorrat nur unwesentlich vom „Raupenhainer Kippsand“. In Anbetracht der ausreichenden Menge an Calcium wird der Schwefelgehalt kaum wirksam, so daß eine nachteilige Beeinflussung des Reaktionszustandes nicht zu befürchten ist.

4.3 Kippkalksande

Als geologisches Ausgangsmaterial kommen carbonathaltige Schmelzwasser- und Geschiebesande oder kalkfreie pleistozäne Sande mit beigemischtem Geschiebemergel in Frage. Bisher ist nur eine Lokalbodenform kartiert worden, der „Thränaer Kippkalksand“.
Das Substrat ist hauptsächlich ein anlehmiger Sand mit Einzelkorngefüge. Somit entsprechen die bodenphysikalischen Verhältnisse im wesentlichen denen der Kippsande. Die Neigung zur Wasserdurchlässigkeit und stärkeren Durchlüftung kann bei höherem Geschiebemergelanteil und der damit gekoppelten verbesserten Sorptionsfähigkeit abgeschwächt werden.
Durch den beträchtlichen Carbonatgehalt ergeben sich dagegen im Reaktionsverhalten deutliche Unterschiede zu den Kippsanden. Dieser verursacht eine neutrale bis alkalische Bodenreaktion und hohe Basensättigung.

4.4 Kippkohlesande

Die Kippkohlesande werden vorwiegend durch tertiäres Abraummaterial gebildet. Hierbei handelt es sich entweder um braune Meeressande oder um Mittel-

und Zwischenmittel der Kohleflöze. Untergeordnet können als Beimischungen Lößlehm, Geschiebelehm oder pleistozäne Fluß- und Schmelzwassersande auftreten.
Charakteristisch für diese Massen ist ein hoher Kohleanteil. Die Kohle liegt überwiegend in feinverteilter Form, außerdem auch brockenweise vermischt vor.
Der Kohlegehalt hat einen entscheidenden Einfluß auf die physikalischen und chemischen Eigenschaften dieser Böden. Ein Vergleich mit den Kippsanden zeigt, daß die kohligen Beimengungen zu einer Verbesserung der Sorptionsfähigkeit führen. Beispielsweise wurde in den Kippböden des ehemaligen Tagebaubereiches Witznitz ein Anstieg der Austauschkapazität um 2,02 mval/100 g Boden mit zunehmendem Kohle-(C_t-)Gehalt von 1% gefunden (WÜNSCHE, SCHUBERT und HAUBOLD 1967). Damit ist zugleich eine Steigerung der Wasserkapazität verbunden, die besonders für den durchwurzelbaren Raum Bedeutung gewinnt. Der für die Kippkohlesande typische oberflächige Benetzungswiderstand tritt nur nach längerer Austrocknung des Materials auf und ist eine zeitlich reversible Erscheinung.
Als nachteilig erweisen sich bei stark kohlehaltigen Sanden die hohen Schwefelmengen. Teile des Gesamtschwefels sind organisch gebunden, daneben kommen anorganische Schwefelverbindungen als Pyrit und Markasit, seltener Calcium- und Natriumsulfat, vor. Pyrit und Markasit sind die maßgeblichen Säurebildner dieses Materials. Die niedrige Basensättigung und Bodenreaktion der frisch verkippten Massen deuten bereits darauf hin, daß der Vorrat an Basen meist nicht ausreicht, die bei der Verwitterung entstehenden Säuren zu neutralisieren.

Die Kippkohlesande treten hauptsächlich als dunkelgraubraune Sande bis anlehmige Sande auf. Je nach der Herkunft können fein- bis feinstkörnige, mittelkörnige oder mittel- bis grobkörnige Sande vorherrschen.

Korngrößenzusammensetzung, Kohlegehalt und der Anteil pleistozäner Massen differenzieren die einzelnen Lokalbodenformen.

Der „Espenhainer Kippkohlesand" (Brauner Meeressand) ist der Körnungsart nach ein feinstkörniger, anlehmiger Sand. Das Material weist durchweg Einzelkorngefüge auf. Die homogen verteilte Kohle fördert die lockere Lagerung, so daß eine ausreichende Durchlüftung des Substrates gewährleistet ist. Unter den Kohlesanden zeichnet sich dieser Kippboden durch die höchsten mittleren Anteile an kohliger Substanz und Schwefel aus. Damit ist die Tendenz zu einer nachhaltigen Versauerung gegeben. Der Sorptionskomplex des relativ sorptionskräftigen Materials ist vorwiegend mit H-Ionen belegt, da ein unzureichendes Angebot an wirksamen basischen Verbindungen vorliegt. Das Substrat besitzt daher meist eine sehr stark saure Bodenreaktion, die das Pflanzenwachstum hemmt oder gar verhindert.

Der „Bornaer Kippkohlesand" (Mittel, Zwischenmittel und Flußsand, untergeordnet Schmelzwassersand) ist in seiner Korngrößenzusammensetzung weniger einheitlich. Es herrschen kohlehaltige mittel- bis feinkörnige anlehmige Sande vor, die von kiesigen, grobkörnigen reinen Sanden sowie Schluff-, Ton- und Kohlebrocken durchsetzt sind.

Der Kippboden ist im allgemeinen durchlässiger und sorptionsschwächer als der „Espenhainer Kippkohlesand“. Es sind somit Voraussetzungen für eine etwas stärkere Auswaschung der bei der Schwefelverwitterung entstehenden Säuren gegeben, wodurch mit extrem toxischen Auswirkungen auf die Vegetation nicht zu rechnen ist. Die beigemischten Schluff-, Ton- und Kohlebrocken erhöhen stellenweise die Sorptions- und Wasserkapazität des Kippbodens.
Der „Trageser Kippkohlesand“ (Brauner Meeressand, Mittel- und Zwischenmittel, untergeordnet Geschiebelehm, Lößlehm oder Auenlehm) stellt ein heterogenes Gemisch tertiärer sandiger Substrate mit bindigen pleistozänen Massen dar. In den kohlehaltigen mittel- bis feinkörnigen anlehmigen Sanden sind nester-, schicht- und streifenweise Lehm bzw. schluffiger Lehm eingelagert. Die Geschiebelehm- und Lößlehmanteile führen nur lokal zu einer Begünstigung des Standortes. Ihre geringen Basenmengen genügen nicht, die pflanzenfeindlichen Eigenschaften der vorherrschenden Kohlesande entscheidend zu beeinflussen.
Der „Falkenhainer Kippkohlesand“ (Mittel, Zwischenmittel und Flußsande, untergeordnet Geschiebemergel) ist grobkörniger. Auf kleinem Raum liegen erhebliche Unterschiede in der Kulturwürdigkeit vor, wobei die vegetationsfeindlichen Substrate überwiegen. Bodenreaktion und Basensättigung des tertiären grobkörnigen anlehmigen Sandes wird im Grenzbereich zu den Geschiebemergelpartien verändert. Kalkhaltige Sickerwässer bewirken hier eine Abpufferung der Säuremengen des Kohlesandes. Der Basengehalt des pleistozänen bindigen Materials kann nur nach einer intensiven Bearbeitung und Vermischung des Bodens auf der Gesamtfläche wirksam werden. Da jedoch Lagerung und die klumpige Konsistenz des Mergels eine Homogenisierung erschwert, ist eine Bindung der Säuremengen nur begrenzt möglich.

4.5 Kippkalkkohlesande

Die Kippkalkkohlesande sind ausschließlich auf Glaukonitsand zurückzuführen und durch eine Lokalbodenform, dem „Böhlener Kippkalkkohlesand“, vertreten. Kennzeichnend für diesen Rohboden sind der mäßige bis hohe Anteil an Kohle sowie der beträchtliche Kalkgehalt. Die kohlige Substanz wird vorwiegend in homogener Verteilung, z. T. auch als Brocken angetroffen. Der Kalk liegt sowohl gleichmäßig verteilt als auch in Form von Konkretionen vor. Kohle- und Kalkgehalt bestimmen hauptsächlich die physikalischen und chemischen Eigenschaften des mittel- bis feinkörnigen anlehmigen Sandes, der eine lockere Lagerung und Einzelkorngefüge besitzt. Wie bei den Kippkohlesanden werden das Sorptionsvermögen und die Wasserkapazität durch den Anteil der organogenen Beimengungen wesentlich verbessert.
Der „Böhlener Kippkalkkohlesand“ zeichnet sich ferner durch eine sehr günstige Ausstattung mit Kalium und Phosphor aus. Der stark schwankende Schwefelgehalt wird infolge des reichlichen Basenvorrates nicht wirksam, worauf die sehr schwach saure bis basische Bodenreaktion und der relativ hohe Basensättigungsgrad hinweisen.

4.6 Kipplehme

Die Kipplehme bestehen vorwiegend aus Geschiebelehm, dem Lößlehm, Schmelzwassersand oder tertiäre sandig-schluffig-tonige Mittelmassen beigemischt sein können.
Die Substrate sind durchweg carbonatfrei. Infolge des ausreichenden Gehaltes an abschlämmbaren Bestandteilen weisen die Kipplehme Bröckel- bis Klumpengefüge auf. Die Wasserkapazität und Luftverhältnisse sind in der Regel als günstig zu beurteilen. Bei höherem Schluff- und Tongehalt treten Dichtlagerungen, Bodensetzungen sowie eine Verschlechterung der Wasser- und Luftführung auf.
Die nachschaffende Kraft an den salzsäurelöslichen Nährstoffen Calcium, Kalium und Phosphor ist bedeutend besser als bei den Kippsanden. Die Bodenreaktion bewegt sich meist im mäßig sauren Bereich bei mittlerer Basensättigung. Das Puffervermögen der Kipplehme ist in der Regel gut.
Da Geschiebelehm vorherrscht, unterscheiden sich die Lokalbodenformen nach Textur, Nährstoffgehalt, Basensättigung und Säuregrad durch die beigemischten Substrate.
Der „Platekaer Kipplehm" (Geschiebelehm, untergeordnet Lößlehm und Sandlößlehm) tritt vorwiegend als Lehm auf und enthält nester- und schichtweise lehmigen Schluff oder schluffigen Lehm.
Dieser Kippboden besitzt unter den Kipplehmen die größte Bindigkeit und das höchste Sorptionsvermögen. Vereinzelt sind im Material humose Nester vorhanden, die bei der Abbaggerung des Ackerhorizontes gewachsener Böden des Vorfeldes gewonnen und mit verstützt wurden. Die organische Substanz führt zu einer begrenzten Auflockerung, Erhöhung des Nährstoffpotentials und der Pufferkraft des Substrates.
Der „Ruppersdorfer Kipplehm" (Geschiebelehm, untergeordnet Schmelzwasser- und Flußsand) stellt ein mehr oder weniger heterogenes Gemisch von Lehmen mit streifen- und schichtweise auftretenden anlehmigen Sanden dar. Bei fortschreitender Homogenisierung im Zuge der Bodenbearbeitung ist eine zunehmende Verbesserung des bodenphysikalischen Zustandes möglich. Die Neigung zu Bodenverdichtung des z. T. sehr bindigen Lehms kann dadurch weitgehend abgeschwächt oder aufgehoben werden.
Die anteilmäßig untergeordnet vertretenen pleistozänen Sande führen kaum zu einer Verschlechterung der chemischen Beschaffenheit des gesamten Kippbodens, jedoch zu einer Verbesserung der Luft- und Wasserverhältnisse.

Der „Witznitzer Kipplehm" (Geschiebelehm, untergeordnet Schmelzwassersand und sandig-schluffig-tonige Mittel) besteht aus einem sehr heterogenen Gemisch pleistozäner und tertiärer Substrate. Unmittelbar neben Lehm und sandigem Lehm sind Sand, Schluff und Ton nester-, schicht- und streifenweise anzutreffen. Stellenweise ist Kohle feinverteilt oder in Form von Brocken beigemengt.
Damit liegen Massen mit stark differenzierten bodenphysikalischen Eigenschaften vor. Den Mischungsanteilen entsprechend ist jedoch nur eine begrenzt nach-

teilige Beeinflussung des chemischen Bodenzustandes durch tertiäre Substrate nachweisbar, die sich hauptsächlich im Sättigungs- und Säuregrad äußert.

4.7 Kippkalklehme

Die Kippkalklehme gehen zum überwiegenden Anteil aus Geschiebemergel hervor. Untergeordnet sind Geschiebelehm, Lößderivate, Schmelzwassersande oder auch tertiäre sandige Mittelmassen beigemischt. Hinsichtlich Textur, Gefüge, Lagerung, Wasser- und Luftverhältnisse sowie Sorption gleichen sie den Kipplehmen. Sie unterscheiden sich von diesen durch den beträchtlichen Carbonatgehalt. Vorherrschend hohe Basensättigung und neutrale Bodenreaktion sind typisch für die Kippkalklehme. Die Lokalbodenformen unterscheiden sich durch die im kleinflächigen Wechsel beigemengten unterschiedlichen geologischen Substrate. Diese variieren die bodenphysikalisch-chemischen Eigenschaften.

Der „Luckaer Kippkalklehm" (Geschiebemergel, untergeordnet Löß und Lößlehm) weist als Lehm, teilweise auch schluffiger Lehm, hauptsächlich Bröckelgefüge auf. Bei höherem Tongehalt des Geschiebemergels neigt der Kippboden zur Dichtlagerung und Ausbildung eines typischen Klumpengefüges. Nasse Witterung und fehlende seitliche Abflußmöglichkeiten haben dann zeitweilig Staunässebildung zur Folge. Trockenperioden führen zur Verkrustung der obersten Bodenzone und Bildung von Schwundrissen. Diese Eigenschaften begrenzen die Kulturfähigkeit des bodenchemisch hochwertigen Substrates.

Der „Neukirchener Kippkalklehm" (Geschiebemergel, untergeordnet Schmelzwasser- und Flußsand) zeigt bei homogener Beimischung sandiger Substrate eine wesentliche Verbesserung des bodenphysikalischen Zustandes.

Der sandige Lehm ist locker gelagert und verfügt über ausgeglichene Wasser- und Luftverhältnisse. In heterogener Vermengung treten die Unterschiede zwischen bindigem und loserem Material auf kleinem Raum stärker hervor.

Der „Regiser Kippkalklehm" (Geschiebemergel, untergeordnet sandige Mittel) stellt eine Mischform vorwiegend kalkhaltiger bindiger pleistozäner Substrate mit kohle- und schwefelhaltigen tertiären Sanden dar. Eine homogene Vermischung begünstigt Textur, Lagerung und Gefüge. Die Schwefelmengen des tertiären Materials werden bei der Verwitterung wegen der hohen Pufferkraft des vorherrschenden Geschiebemergels nicht wirksam. Bei schicht- und streifenweisem Auftreten liegen dagegen stark wechselnde physikalisch-chemische Eigenschaften des Bodens vor, die sich erst durch intensive Bearbeitung allmählich ausgleichen lassen.

4.8 Kippkohlelehme

Die Kippkohlelehme setzen sich aus Mittel- und Zwischenmittelmassen zusammen. Da sie meist ein homogenes Gemisch tertiärer bindiger und kaum bindiger Substrate darstellen, wurde die Bezeichnung „Lehme" gewählt. Das schließt nicht aus, daß auch anlehmige Sand- und schluffig-tonige Partien auftreten können.

Als einzige Lokalbodenform wurde bisher der „Zipsendorfer Kippkohlelehm“ ausgeschieden. Das Substrat enthält den höchsten Kohlegehalt aller anorganischen Kippböden des Untersuchungsgebietes. Im Vergleich zu den Kipplehmen sind daher Umtausch- und Wasserkapazität höher. Die feinverteilte Kohle verhindert eine dichte Lagerung und bedingt die mäßige Durchlüftung. Dem noch günstigen bodenphysikalischen Verhalten stehen unbefriedigende bodenchemische Eigenschaften gegenüber. Nach dem Salzsäureauszug ist das Substrat arm an Kalium und Phosphor. Durch die Verwitterung des Schwefels können beträchtliche Säuremengen erzeugt werden, die zu einer nachhaltigen Verschlechterung der Bodenreaktion und Basensättigung führen.

4.9 Kippschluffe

Geologisches Ausgangsmaterial der Kippschluffe sind Lößlehm, Sandlößlehm und Auenlehm. Es handelt sich hierbei um tiefgründig verwitterte, z.T. umgelagerte Lößderivate, die bereits einer Bodenbildung im Bereich des Vorfeldes unterlagen. Auf der Kippenseite treten diese Substrate häufig nebeneinander auf, ohne daß damit lokale Unterschiede in den Bodeneigenschaften verbunden sind.

Der als „Rositzer Kippschluff“ ausgeschiedene Kippboden ist nach seiner Korngrößenzusammensetzung als lehmiger Schluff oder Schlufflehm anzusprechen. Kennzeichnend ist ferner ein mittlerer Humusgehalt, der den obersten Horizonten der ehemaligen Acker- und Waldböden entstammt. Durch die homogene oder heterogene Vermischung der organischen Substanz im Kippboden wird eine Verbesserung von Sorption und Gefüge erreicht. Sie gewährleisten die hohe Wasserkapazität und mäßige Durchlüftung.

Der Sorptionskomplex ist ausreichend mit basenbildenden Kationen belegt, worauf ein mittlerer Basensättigungsgrad und die schwach saure Bodenreaktion hinweisen. Das Potential an salzsäurelöslichen Nährstoffen kann als befriedigend bezeichnet werden.

4.10 Kippkalkschluffe

Geologisches Ausgangsmaterial ist der unverwitterte Löß. Die Kippkalkschluffe zeichnen sich gegenüber den Kippschluffen durch ihren hohen Karbonatgehalt aus. Sie sind durch die Lokalbodenform „Pirkauer Kippkalkschluff“ vertreten.

Charakteristisch für das Substrat ist der hohe Grobschluffanteil, während Ton- und Sandfraktionen auffallend zurücktreten. Der Carbonatgehalt und die Korngrößenverteilung bedingen das besondere Gefüge und Porenvolumen. Der Kippkalkschluff besitzt eine hohe Kohärenz. Die Porosität des Materials, insbesondere die kleinen Poren, bewirken ein gutes Wasseraufnahmevermögen und die langsame Wasserableitung. Dabei kann es zur Lösung und Wiederabscheidung von Kalk kommen, der die einzelnen Bodenteilchen umrindet, miteinander verkittet und dadurch als „Stützgewebe“ fungiert. Die Gefahr der Dichtlagerung bei diesem schluffreichen Substrat ist deshalb nicht gegeben.

Der Carbonatanteil gewährleistet ferner die günstigen Reaktionsverhältnisse, die in der hohen Basensättigung zum Ausdruck kommen. Im Salzsäureauszug lassen sich ausreichende Mengen an Kalium und Phosphor für eine allmähliche Nährstoffnachlieferung nachweisen.

4.11 Kipptone

Die Kipptone bestehen aus tertiären tonig-schluffigen Mittelmassen. Das Substrat ist fast kohlefrei, worin der wesentliche Unterschied zu den Kippkohletonen liegt.
Als einzige Lokalbodenform ist der „Haselbacher Kippton" zu nennen.

Das meist gleichmäßig grau getönte Material läßt sich infolge des sehr hohen Gehaltes feinster Korngrößen als schluffiger Ton bis sandiger Ton kennzeichnen. Der Kolloidreichtum bewirkt spezifische bodenphysikalische Verhältnisse. Bei Befeuchtung quellen diese Rohböden stark, sie sind in diesem Zustand ganz oder weitgehend undurchlässig und verschmieren. Weiter hinzukommendes Niederschlagswasser wird an der Oberfläche gestaut und läuft ab. In Trockenzeiten verhärtet das Material, und es bilden sich polyedrisch-klumpige Bodenaggregate. Wasserführung und Durchlüftung sind im wesentlichen an die größeren und feineren Risse gebunden.
Die durch den hohen Kolloidgehalt bedingten ungünstigen physikalischen Eigenschaften können durch die relativ niedrigen Calciummengen nicht verbessert werden. Die Dichte des Substrates erlaubt nur eine träge Reaktion chemischer Prozesse. Auffallend ist der relativ niedrige T-Wert in Anbetracht des hohen Gehaltes abschlämmbarer Bestandteile, eine Erscheinung, die mit dem Vorherrschen von Kaoliniten zu erklären ist.

4.12 Kippkohletone

Die Kippkohletone setzen sich aus kohlehaltigen, schluffig-tonigen Mittel- und Zwischenmittelmassen zusammen. Ferner können untergeordnete Anteile schluffig-sandigen Materials aus dem unmittelbaren Bereich der Kohlenflöze beigemischt sein.
Als einzige Lokalbodenform tritt der „Ramsdorfer Kippkohleton" auf. Körnungsart und physikalische Eigenschaften sind im allgemeinen ebenso ungünstig zu bewerten wie bei den Kipptonen. Eine gewisse Auflockerung des Substrates kann bei brockenweiser Beimengung von Braunkohle und durch Sandnester erfolgen. Die Kohle hat eine Erhöhung der an sich schon hohen Gesamtsorption des Tones zur Folge. Der Sorptionskomplex ist bereits zur Hälfte mit Wasserstoffionen belegt. Nach längerer Lagerung und Verwitterung des Schwefels ist mit einer beträchtlichen Versauerung zu rechnen. Das hauptsächlich an die organische Substanz gekoppelte Calcium reicht nicht aus, die Säuren zu kompensieren. Es muß daher mit schädlichen Auswirkungen auf das Pflanzenwachstum gerechnet werden, wenn eine Melioration unterbleibt.

5. Vorschläge für die Melioration der Kippbodenformen und Hinweise auf ihre Nutzung

Die Rekultivierung von Kippen setzt Bodenbedingungen voraus, die den Ansprüchen der verschiedenen Kulturpflanzen oder Waldbäume genügen, namentlich befriedigenden Reaktionszustand, günstiges Bodengefüge und ausreichendes Nährstoffangebot. Diese Bedingungen sind nur in wenigen Fällen voll erfüllt, selbst vielfach nicht bei den aus kulturwürdigen Deckgebirgsschichten entstandenen Kippböden. Daher bedürfen die meisten Kippböden vor der Rekultivierung bestimmter, mehr oder weniger aufwendiger bodenverbessernder Maßnahmen, die von einfachen Nährstoffzuführungen bis zu intensiver Melioration reichen. Die Qualität dieser Arbeiten, insbesondere die der Meliorationen, ist maßgebend für den Erfolg der Rekultivierung. Mängel können bei der späteren Bewirtschaftung kaum oder nur mit sehr großem Aufwand beseitigt werden. Deswegen ist auch bei dieser Seite der Wiederurbarmachung äußerste Sorgfalt erforderlich.

In der Tabelle 4 sind für die zuvor beschriebenen Rohbodenformen die notwendigen bodenverbessernden Maßnahmen und die Möglichkeiten ihrer künftigen Nutzung angegeben. Rohbodenformen annähernd gleicher Nutzungsfähigkeit und ähnlicher Meliorationsbedürftigkeit sind hierin zu Meliorationsgruppen zusammengefaßt.

Maßgebend für die Meliorationsbedürftigkeit der Rohböden ist in erster Linie ihr Kalkbedarf. Die für die einzelnen Rohbodenformen mitgeteilten Kalkbedarfswerte sind durchweg gewogene Mittel einer Anzahl von Einzelwerten, die z. T. erheblich auseinandergehen. Besonders stark schwanken sie in den Rohböden, die aus mehreren Substraten unterschiedlicher geologischer Herkunft entstanden sind. Da damit auch die Aufwendungen für die Bodenverbesserung der in einer Rohbodenform vereinigten Rohböden bzw. der in einer Meliorationsgruppe zusammengefaßten Rohbodenformen mehr oder weniger voneinander abweichen, dürfen die Kalkbedarfswerte der Tabelle nur als Richtzahlen für Grobprojektierungen verwendet werden. Für genauere Kalkbemessungen sind allein die in den bodengeologischen Kippenflächen nachgewiesenen Werte maßgebend.

Vom Kalkbedarf der Rohböden sind die verschiedenen Maßnahmen zur Verbesserung ihres Reaktionszustandes abzuleiten. Bei Kalkbedarfswerten bis zu 50 dt CaO/ha genügen einfache Kalkdüngungen, wobei die Kalkdüngemittel mit gewöhnlichen Pflügen oder Scheibeneggen einzuarbeiten sind. Für die Sandbodenformen und die Kippkohlesande sind nachhaltig wirkende Kalke zu verwenden, wie Kalkmergel, Leunakalk oder auch Mischkalk; für die Kippschluffe und Kipplehme empfiehlt sich dagegen der Einsatz von Branntkalk oder Löschkalk.

Rohböden mit höherem Kalkbedarf als 50 dt CaO/ha müssen mit Hilfe von Intensivverfahren melioriert werden. Hierfür kommen das Böhlener Verfahren (Brüning 1962) und das Domsdorfer Verfahren (Illner und Lorenz 1965; Lorenz und Schälicke 1968) in Betracht. Beide Verfahren unterscheiden sich im

Tabelle 4
Melioration und künftige Nutzung der Bodenformen

Meliorationsgruppe	Bodenform	Abkürzung	Mittlerer Kalkbedarf[1] dt/CaO/ha für 60 cm	ohne Kalkg. bzw. Melioration	Kalkdüngung[2]	Grundmelioration mit		Mineralische Düngung in kg/ha Reinnährstoff			künftige Nutzung[7]		Bemerkungen
						Kalk[3]	Asche[4]	N	P	K	Landw.	Forstw.	
I	Pirkauer Kippkalkschluff	Pi KZ	—	×				120	120	135	×		
	Rositzer Kippschluff	Ro Z	—	×				120	120	135	×		
	Luckaer Kippkalklehm	Lu KL	—	×				120	120	135	×		
	Regiser Kippkalklehm	Re KL	—	×				120	120	135	×		
	Neukirchener Kippkalklehm	Ne KL	—	×				120	120	135	×		
II	Platekaer Kipplehm	Pl L	60		×	×		120	120	135	×		
	Ruppersdorfer Kipplehm	RuL	60		×	×		120	120	135	×		
III	Witznitzer Kipplehm	WiL	235				×	160	240	270	×		
IV	Zipsendorfer Kippkohlelehm	ZiCL	1265				×	200	240	270	×		
V	Böhlener Kippkalkkohlesand	Bö KCS	—	×				180	120	135	×	×	
VI	Falkenhainer Kippkohlesand	FaCS	10		×			180	120	135	×	×	
VII	Trageser Kippkohlesand	TrCS	1070				×	180	240[5] 120[6]	270[5] 135[6]	×	×	

VII	Bornaer Kipp-kohlesand	Bo CS	1090				×	180	240 120	270 135	×	×	
VIII	Espenhainer Kippkohlesand	Es CS	1895				×	180	240 120	270 135	×	×	
IX	Haselbacher Kippton	Ha T	215				×	120	240 120	270 135	×	×	bei Melioration nur Schlacke verwenden
X	Ramsdorfer Kippkohleton	Ra CT	965				×	200	240 120	270 135	×	×	
XI	Thränaer Kipp-kalksand	Th KS	—	×				120	120	135		×	
XII	Raupenhainer Kippsand	Rp S	20		×			120	120	135		×	
	Zedlitzer Kipp-sand	Ze S	40		×			120	120	135		×	
XIII	Heuersdorfer Kippsand	He S	235				×	120	120	135		×	
	Pödelwitzer Kippsand	Pö S	255				×	120	120	135		×	

[1] Bestimmt nach der Säure-Basen-Bilanz. Werte sind nur für Grobplanungen verwendbar. Für genauere Kalkbemessungen sind nur die Kalkbedarfswerte des jeweiligen bodengeologischen Gutachtens maßgebend.
[2] Bei einem Kalkbedarf von weniger als 50 dt CaO/ha.
[3] Bei einem Kalkbedarf von 50 dt bis zu 150 – 200 dt CaO/ha.
[4] Bei einem Kalkbedarf von mehr als 150 – 200 dt CaO/ha.
[5] Bei künftiger landwirtschaftlicher Nutzung.
[6] Bei künftiger forstwirtschaftlicher Nutzung.
[7] Landwirtsch. Nutzung auf Böden mit Mindestgehalt an Schluff und Ton wie bei schluffigen und lehmigen Sanden. Bei gleichzeitig höherem Kohlegehalt ($>1\%$ C_t) kann dieser Schluff- und Tongehalt etwas geringer sein.

wesentlichen nach den verwendeten Meliorationsmitteln: Während beim Böhlener Verfahren ausschließlich Kalke eingesetzt werden, benutzt man beim Domsdorfer Verfahren Braunkohlenaschen oder abgesiebte Braunkohlenschlacken. Die Grenze für die Anwendung des Böhlener Verfahrens liegt bei einem Kalkbedarf von 150—200 dt CaO/ha; bei höheren Werten ist mit dem Domsdorfer Verfahren zu arbeiten.

Bei der Zuführung größerer Kalkmengen muß unbedingt die Sorptionsfähigkeit des Rohbodens berücksichtigt werden, um Überkalkungsschäden zu vermeiden. Gaben bis zu 200 dt/ha können bei höherer Sorptionskraft unbedenklich verabfolgt werden. Auf sorptionsschwachen Böden dagegen dürfen Kalkmengen um 200 dt CaO/ha und mehr nur in mehreren Einzelgaben (50—100 dt CaO/ha) und in wenigstens 1/2jährigen Abständen gereicht werden. In diesen Fällen sind vorzugsweise langsamer und nachhaltig wirkende Kalkformen zu verwenden, wie Kalkmergel, Leunakalk oder Mischkalk (über Einzelheiten siehe KRUMMSDORF, WAGNER und LORENZ 1969).

Ob man sich beim Domsdorfer Verfahren der Filteraschen oder abgesiebter Schlacken bedient, ist gleichgültig. Maßgebend für ihre Verwendung ist immer ihr Gehalt an bodenwirksamen basischen Verbindungen. Die Körnung der Schlacke sollte jedoch 10 mm möglichst nicht überschreiten, weil ihre Ausbringung und gleichmäßige Einarbeitung sonst erschwert sind. Für die Bodenformen Haselbacher Kippton und Ramsdorfer Kippkohleton ist in jedem Falle eine Melioration mit Braunkohlenschlacken anzuraten; denn hauptsächlich auf diesem Wege erscheint auch die Verbesserung ihres äußerst ungünstigen Bodengefüges möglich.

Mit der Grundmelioration ist bei allen Kipprohböden eine mineralische Düngung zu verbinden. Die Höhe der Düngergaben ist in der Tabelle 4 für die einzelnen Meliorationsgruppen genannt. Dabei ist zu beachten, daß die aufgeführten N-Mengen Standardmengen sind, die nur gegeben werden, wenn der Anbau von Nicht-Leguminosen beabsichtigt ist. Es empfiehlt sich, 40 kg N/ha vor der Kultur, den Rest als Kopfdünger auszubringen. Dieses Vorgehen ist vor allem bei Getreideansaat anzuraten. Bei der Kultivierung mit Leguminosen ist die gesamte Düngermenge wenigstens 14 Tage vor der Aussaat zu geben.

Die Nutzungsfähigkeit der Kippen- und Haldenstandorte ist vom Schluff- und Tongehalt sowie vom Anteil an feinverteilter kohliger Substanz in den Kippböden abhängig. Bei einem Mindestgehalt an Schluff und Ton wie bei den schluffigen und lehmigen Sanden ist eine landwirtschaftliche Rekultivierung möglich. Diese Gehalte können etwas niedriger sein, wenn der Anteil an kohliger Substanz mehr als 1% beträgt.

Inwieweit die Bodenformen Haselbacher Kippton und Ramsdorfer Kippkohleton landwirtschaftlich genutzt werden können, hängt von den Möglichkeiten ihrer Melioration ab. Gelingt es, ihren Säurezustand und ihre Bodenstruktur tiefgreifend zu verbessern, lassen sie gute landwirtschaftliche Erträge erwarten. Anderenfalls ist nur eine forstliche Bewirtschaftung vorzugsweise mit wurzelintensiven Baumarten angängig.

Zusammenfassung

Als ein Ergebnis der Kartierungsarbeiten aus dem Kippengebiet des Braunkohlenbergbaues südlich von Leipzig werden die Bodenformen vorgestellt. Zunächst wird ein Überblick über den Landschaftscharakter und die Geologie des Untersuchungsgebietes sowie über die Entstehung der Kippen, ihre Beschaffenheit und Form gegeben.
Den Hauptteil der Arbeit bildet die Beschreibung der im Untersuchungsgebiet ausgeschiedenen Bodenformen. Sie bezieht sich auf eine Tabelle, in der die Bodenformen mit ihren stabilen und wenig wandelbaren Merkmalen zusammengestellt sind. Diese Merkmale lassen Schlüsse auf die Eignung der Kippböden für die Nutzung zu. Zusätzlich werden die leichter veränderlichen Eigenschaften der Kippböden berücksichtigt, die maßgebend für die Meliorationsbedürftigkeit sind. Bodenformen gleicher Nutzungsfähigkeit und ähnlicher Meliorationsbedürftigkeit werden zu Bodenformengruppen (= Meliorationsgruppen) zusammengefaßt. An Hand einer Tabelle werden Vorschläge für die Melioration gemacht.

Резюме

Название работы: Формы почв выбросов буроугольных разработок к югу от Лейпцига

Как результат работ по картированию территории выбросов буроугольных разработок к югу от Лейпцига описываются формы почв. Вначале дается обзор характера ландшафта и геологии изученной территории, а также обзор возникновения выбросов, их структуры и формы.
Основную часть составляет описание выделенных на исследованной территории форм почвы. Для этого используется таблица, в которой объединены формы почв с их стабильными и мало изменяемыми признаками. Эти признаки позволяют сделать выводы о пригодности выбросов для использования. Дополнительно учитываются более легко изменяющиеся свойства почв на выбросах, которые являются решающими для определения потребности в мелиорации. Формы почв с одинаковой возможностью использования и сходной потребностью в мелиорации (= мелиорационные группы) объединяются. С помощью таблицы вносятся предложения по мелиорации.

Summary

Title of the paper: The soil forms of tips and dumps in the soft-coal mining region south of Leipzig

As a result of soil mapping in the tip area of the soft-coal mining region south of Leipzig, different soil forms are presented. At first, a general outline is given regarding landscape character and geology of the area under study as well as the formation of the tips, their structure and form.
In the main part, the paper describes the soil forms found in the area under study. This description is based on a table illustrating the different soil forms with their stable and less variable properties. These properties allow to draw

conclusions on the suitability of the tip soils for utilization. In addition, the more variable properties of the soils are taken into account being decisive criteria for the need to improve these tip soils. Soil forms of equal utilizability and of similar need of improvement (groups of soil improvement) are grouped in one class. Proposals for their amelioration are presented in a table.

Literatur

BRÜNING, E.: Zur Frage der Rekultivierbarkeit tertiärer Rohbodenkippen des Braunkohlentagebaues. Wiss. Z. Karl-Marx-Univ. Leipzig, Math.-Nat.-R., 11 (1962) S. 325–359

EISSMANN, L.: Überblick über die Entwicklung des Tertiärs in der Leipziger Tieflandsbucht. Sächs. Heimatblatt, 1 (1968) S. 25–36

HOHL, R.: Rohstoffe im Abraum der Braunkohlenlagerstätte des Weißelsterbeckens. Ber. geol. Ges. DDR, 5 (1960) H. 3, S. 224–235

ILLNER, K., und LORENZ, W.-D.: Das Domsdorfer Verfahren zur Wiederurbarmachung von Kippen und Halden des Braunkohlenbergbaues. Veröff. d. Inst. f. Landschaftspflege d. Humboldt-Univ. Berlin 1965

KRUMMSDORF, A., WAGNER, E., und LORENZ, W.-D.: Rahmenkonzeption zur Aufstellung von Dokumentationen für Grundmeliorationen bei der Wiederurbarmachung bergbaulich genutzter Flächen. Bergbautechnik, 19 (1969) S. 591–598

LORENZ, W.-D., und SCHÄLICKE, W.: Zur technischen Durchführung der Aschemelioration. Veröff. d. Inst. f. Landschaftspflege d. Humboldt-Uni. Berlin 1968/I

LORENZ, W.-D., WÜNSCHE, M., und KOPP, D., 1970: Die Methode der Standortskartierung auf Kippen und Halden des Braunkohlenbergbaues. Archiv für Forstwesen 19 (1970) H. 12

MEYER, G.: Der Einfluß der geologischen Strukturen im Meuselwitz-Bornaer Braunkohlenrevier auf Planung und Abbau. Freiberger Forschungsh. 1, Berlin 1951

NEEF, E.: Die naturräumliche Gliederung Sachsens. Sächs. Heimatbl., 6, (1960), H. 4 S. 223–228, H. 5, (1960) S. 284–286

PIETZSCH, K.: Geologie von Sachsen. VEB Dtsch. Verl. Wiss., Berlin 1962

WÜNSCHE, M., SCHUBERT, A., und HAUBOLD, W.: Das Leistungspotential pleistozäner und tertiärer Abraummassen auf älteren Kippflächen im Bereich des ehemaligen Braunkohlentagebaues Witznitz I, Krs. Borna. Bergbautechnik, 17 (1967) S. 313–319

Anschrift der Verfasser:
Dr. W.-D. LORENZ
Sektion Pflanzenproduktion mit Bewässerung
der Humboldt-Universität zu Berlin
Bereich Freiflächen und Landschaftsgestaltung
1162 Berlin-Friedrichshagen
Josef-Nawrocki-Str. 7

Dr. M. WÜNSCHE und A. SCHUBERT
VEB Geologische Forschung und Erkundung
Halle Betriebsteil Freiberg
92 Freiberg
Otto-Nuschke-Platz 1

Z. Landeskultur · Bd. 11 · 1970 · H. 5 · S. 339–351 · Berlin

Gerhard Lindemann

Flurneugestaltung — ihre Wechselbeziehungen zur Siedlungsstruktur, Flächenkonzentration und zum Verkehrswegenetz

Eingegangen am 20. 3. 70

Der Übergang zu industriemäßigen Produktionsmethoden in der sozialistischen Landwirtschaft führt zu tiefgreifenden Veränderungen im Wirtschaftsorganismus und der Flurgestaltung. Hiervon werden außer einer Reihe hier nicht zu behandelnder Fakten besonders die Siedlungsstruktur, die Flächenkonzentration und das Verkehrswegenetz betroffen. Im folgenden sollen den an diesen Problemen arbeitenden Gremien und Institutionen Hinweise unter besonderer Berücksichtigung der Verkehrswegenetzgestaltung gegeben werden. Schwerpunktmäßig werden die zur Zeit vorhandenen Ausgangsbasen der Siedlungsstruktur — Ortschaften- und Betriebsdichte-, der Flächenkonzentration und des Verkehrswegenetzes einer Analyse unterzogen und, soweit notwendig und erkennbar, prognostische Entwicklungstendenzen herausgestellt.

Große strukturbestimmende Ackerbau- und Meliorationssysteme, wie sie auf dem VII. Parteitag der Sozialistischen Einheitspartei Deutschlands und dem X. Deutschen Bauernkongreß gefordert wurden, bestimmen in Zukunft das Bild der sozialistischen Landwirtschaft in der Deutschen Demokratischen Republik. Das erfordert nicht nur eine steigende Mechanisierung und Automatisierung der Produktion, sondern auch eine Optimierung aller Einrichtungen der nicht materiellen Produktion (Wasser, Elektrizität, Verkehrseinrichtungen, Dienstleistungen, Bildung, Kultur, Gesundheitswesen usw.). Dieser letztere Komplex ist mit entscheidend für die Beseitigung der Unterschiede zwischen Stadt und Land und führt unter dem Gesichtspunkt rationellster und effektivster Ausnutzung des volkswirtschaftlichen Vermögens zu einer Veränderung der ländlichen Siedlungsstruktur (1). Wichtig ist, daß im gesellschaftlichen und somit auch im wirtschaftlichen Entwicklungsprozeß der Landwirtschaft diese selbst mit entscheidend umgestaltet, wie auf dem 10. Plenum gefordert wurde. Industrie und Landwirtschaft können unter heutigen und zukünftigen Verhältnissen nicht mehr als zwei in ihren Produktionsmethoden getrennte Sphären der materiellen Produktion nebeneinander gestellt werden. Die internationalen Entwicklungstendenzen sind unverkennbar auf eine zunehmende Verschmelzung von Landwirtschaft und Industrie ausgerichtet. Die für diesen Prozeß zur Verfügugn stehenden Investitionen sind gemeinsam zu planen. Je territorial konzentrierter diese eingesetzt werden, desto effektiver sind sie in ihrer Anwendung und ihren erzielten Leistungen. Die zur Erzielung der höchsten Effektivität notwendige Konzentration der Produktionsmittel erfordert deshalb eine unmittelbar zusammenhängende Konzentration der ländlichen Siedlungen. Diese Siedlungszentren müssen dem zukünftigen Charakter der landwirtschaftlichen Produktion voll Rechnung tragen. Die Umstrukturierung der Produktivkräfte steht dabei mit im Vordergrund. Die wissenschaftlich-technische Revolution auf dem Lande muß deshalb zwangsläufig mit einer Revolution der Siedlungsstruktur verbunden sein.

1. Siedlungsstruktur und Ortschaften- bzw. Betriebsdichte sowie ihre Flächenkonzentration

Ausgangsbasis der Darlegungen bilden die in den einzelnen Bezirken vorhandene Anzahl der Gemeinden einschließlich ihrer Ortsteile und die Anzahl der sozialistischen Landwirtschaftsbetriebe sowie ihre Flächenkonzentration. Tabelle 1 enthält eine Analyse zur derzeitigen Ortschaften- und Betriebsdichte sowie durchschnittlichen Flächengröße sozialistischer Landwirtschaftsbetriebe auf Bezirksebene (2, 4). Aus der Tabelle 2 können zusätzlich die durchschnittlichen Flächengrößen der Gemeinden und Ortsteile entnommen werden. In diesem Zusammenhang interessieren besonders die Flächengrößen der Landwirtschaftsbetriebe. Nach diesen Aussagen liegt die durchschnittliche Flächengröße der LPG und VEG in der DDR zur Zeit bei rd. 1000 Hektar landwirtschaftlicher Nutzfläche (ha LN). Diese Flächen werden aber noch durch eine Vielzahl von sich darin befindlichen technischen und natürlichen Hindernissen bzw. durch die Fruchtfolgerotation zerschnitten. Die rd. 17000 auf dem Territorium der DDR vorhandenen Ortschaften bedeuten, daß sich im Mittel nahezu alle 2,5 bis 3 km eine Ortschaft befinden muß. Eine rechteckige, 300 ha große Nutzfläche im Breiten: Längenverhältnis von 1:2 besitzt bereits eine Ausdehnung von 1225 m × 2450 m (vgl. Tab. 3). Die Existenz dieser Vielzahl kleiner und kleinster Ortschaften ist ein Faktor, der der weiteren Entwicklung Grenzen setzen könnte, würde nicht zielgerichtet mit der Zentralisierung der ländlichen Siedlungsstruktur begonnen. Als oberste Forderung steht dabei in der kooperativen Feldwirtschaft die Flächenerweiterung durch Beseitigung störender dörflicher und betrieblicher Grenzen.

Die Umgestaltung auf dem Lande führt zu einer tiefgreifenden Wandlung der gesamten Struktur der Land- und Nahrungsgüterwirtschaft. Dabei haben die sich ständig entwickelnden Kooperationsbeziehungen zwischen den Landwirtschaftsbetrieben und darüber hinaus zwischen Landwirtschaft und verarbeitender Nahrungsgüterindustrie große Bedeutung. Flächenmäßig wird eine Konzentration in großem Umfang einsetzen. Die Tabellen 2 und 3 weisen die Ausgangsbasen dieses Flächenkonzentrationsprozesses aus. Von den Gemeinde-, Ortsteil- und Betriebsgrößen lassen sich Schlußfolgerungen für die durchschnittlichen Fruchtfolgeschlaggrößen ableiten. Bei Unterstellung, daß auf den landwirtschaftlichen Nutzflächen je nach spezifischen Bedingungen unterschiedliche Fruchtfolgerotationen vorherrschen, ergeben sich auch unterschiedliche durch-

Tabelle 1
Ortschaften- und Betriebsdichte sowie Durchschnittsgrößen der Landwirtschaftsbetriebes in den Bezirken der DDR

Bezirke	Ortsteile	Gemeinden	Ortsteile je Gemeinde	Landw.-Betriebe je Ortsteil *	Landw.-Betriebe je Gemeinde **	Landwirtschaftsbetriebe: LPG alle Typen Anzahl	LPG alle Typen $\bar{x}$ Größe	LPG alle Typen + VEG Anzahl	LPG alle Typen + VEG $\bar{x}$ Größe	LPG Typ III/VEG Anzahl	LPG Typ III/VEG $\bar{x}$ Größe
	St	St	St	St	St	St	ha NL	St	ha LN	St	ha LN
1	2	3	4	5	6	7	8	9	10	11	12
Rostock	2000	415	4,8	0,4	1,1	850	580	800	620	455	1090
Schwerin	1310	595	2,2	0,9	1,0	1115	490	1080	510	620	885
Neubrandenburg	1415	625	2,3	0,8	1,1	1165	575	1090	615	715	940
Potsdam	1245	845	1,5	1,0	0,8	1260	525	1155	575	715	925
Frankfurt/O.	840	480	1,8	0,8	0,8	680	530	635	570	385	940
Cottbus	1030	735	1,4	1,0	0,4	995	350	965	360	270	1285
Magdeburg	1180	785	1,5	1,2	1,0	1365	545	1245	600	815	915
Halle	1465	740	2,0	0,7	0,7	995	585	925	630	520	1120
Erfurt	975	810	1,2	1,1	0,6	1035	460	1000	475	505	940
Gera	980	610	1,6	0,8	0,4	820	260	805	260	235	900
Suhl	590	415	1,4	0,8	0,3	460	320	455	325	130	1130
Dresden	1730	810	2,1	0,8	0,6	1375	295	1330	310	490	835
Leipzig	1350	610	2,2	0,7	0,7	940	375	900	395	415	850
Karl-Marx-Stadt	1285	700	1,8	0,7	0,5	945	365	925	370	320	1075
DDR	17395	9175	1,9	0,8	0,7	14000	455	13310	480	6590	965

* LPG alle Typen und VEG. — ** LPG Typ III und VEG Zahlen auf 5 ab- bzw. aufgerundet (außer Sp. 4–6)

Tabelle 2

Durchschnittliche Fruchtfolgeschlaggrößen auf dem Ackerland in Abhängigkeit von durschnittlichen Betriebs- und Ortschaftsgrößen in den Bezirken der DDR

Bezirke	LPG aller Typen und VEG							LPG Typ III und VEG						
	Anzahl		$\bar{x}$ Größe	$\bar{x}$ FF-Schlaggrößen (AL) bei einer Rotation von ... Jahren				Anzahl		$\bar{x}$ Größe	$\bar{x}$ FF-Schlaggrößen (AL) bei einer Rotation von ... Jahren			
	gesamt	je Tha LN		6	8	10	12	gesamt	je Tha LN		6	8	10	12
	St	St	ha	ha	ha	ha	ha	St	St	ha	ha	ha	ha	ha
1	2	3	4	5	6	7	8	9	10	11	12	13	14	15
Rostock	850	1,7	420	70	55	40	35	455	0,9	790	130	100	80	65
Schwerin	1115	2,0	330	55	40	35	30	620	1,1	580	95	75	60	50
Neubrandenbg.	1165	1,7	440	75	55	45	35	715	1,1	710	120	90	70	60
Potsdam	1260	1,9	350	60	45	35	30	715	1,1	620	100	80	60	50
Frankfurt	680	1,9	440	75	55	45	35	385	1,1	770	130	95	75	65
Cottbus	995	2,9	240	40	30	25	20	270	0,8	890	150	110	90	75
Magdeburg	1365	1,8	410	70	50	40	35	815	1,1	690	115	85	70	60
Halle	995	1,7	490	80	60	50	40	520	0,9	950	160	120	95	80
Erfurt	1035	2,2	380	65	50	40	30	505	1,1	780	130	100	80	65
Gera	820	3,9	180	30	25	20	15	235	1,1	610	100	75	60	50
Suhl	460	3,1	180	30	25	20	15	130	0,9	620	100	80	60	50
Dresden	1375	3,4	210	35	25	20	20	490	1,2	590	100	75	60	50
Leipzig	940	2,7	310	50	40	30	25	415	1,2	700	120	90	70	60
K.-M.-Stadt	945	2,7	250	40	30	25	20	320	0,9	730	120	90	75	60
DDR	14000	2,2	330	55	40	35	30	6590	1,0	710	120	90	70	60

Bezirke	Ortsteile							Gemeinden						
Rostock	2000	4,0	180	30	25	20	15	415	0,8	870	145	110	85	70
Schwerin	1310	2,4	280	45	35	30	25	595	1,1	610	100	75	60	50
Neubrandenbg.	1415	2,1	360	60	45	35	30	625	0,9	810	135	100	80	70
Potsdam	1245	1,9	360	60	45	35	30	845	1,3	520	85	65	50	45
Frankfurt	840	2,3	350	60	45	35	30	480	1,3	620	100	80	60	50
Cottbus	1030	3,0	230	40	30	25	20	735	2,1	330	55	40	35	30
Magdeburg	1180	1,6	470	80	60	45	40	785	1,1	710	120	90	70	60
Halle	1465	2,5	340	55	45	35	30	740	1,3	670	110	85	65	55
Erfurt	975	2,1	390	65	50	40	35	810	1,7	480	80	60	50	40
Gera	980	4,6	150	25	20	15	15	610	2,9	240	40	30	25	20
Suhl	590	4,0	140	25	20	15	10	415	2,8	200	35	25	20	15
Dresden	1730	4,2	170	30	20	15	15	810	2,0	360	60	45	35	30
Leipzig	1350	3,8	210	35	25	20	20	610	1,7	480	80	60	50	40
K.-M.-Stadt	1285	3,7	180	30	25	20	15	700	2,0	330	55	40	35	30
DDR	17395	2,7	270	45	35	25	20	9175	1,4	510	85	65	50	45

Tabelle 3

Flächenbreiten und -längen in Abhängigkeit von unterschiedlichen Flächengrößen bei einem Breiten: Längenverhältnis von 1:2

Flächengrößengruppen	Flächengrößen ha	Flächenbreiten m	Flächenlängen m
1	2	3	4
Größengruppe I			
bis 50 ha	10	225	445
	20	315	635
	30	385	780
	40	450	890
	50	500	1000
Größengruppe II			
51···100 ha	60	545	1100
	70	590	1185
	80	630	1265
	90	670	1340
	100	705	1415
Größengruppe III			
101···150 ha	110	740	1485
	120	775	1550
	130	805	1610
	140	835	1675
	150	865	1730
Größengruppe IV			
151···200 ha	160	895	1790
	170	920	1845
	180	950	1900
	190	975	1950
	200	1000	2000
Größengruppe V			
201···250 ha	210	1025	2050
	220	1050	2100
	230	1070	2145
	240	1095	2190
	250	1120	2245
Größengruppe VI			
251···300 ha	260	1140	2280
	270	1160	2325
	280	1180	2365
	290	1205	2410
	300	1225	2450

Spalten 3 und 4 auf 5 m ab- bzw. aufgerundet

schnittliche Fruchtfolgeschlaggrößen in den Bezirken der DDR. Für die Widerspiegelung der örtlichen Verhältnisse kann dabei kein Anspruch auf Vollständigkeit erhoben werden. Dieses muß Einzeluntersuchungen vorbehalten bleiben. Im Beitrag geht es in erster Linie darum, über eine Analyse die strukturelle Ausgangsbasis dieses gesellschaftlichen und wirtschaftlichen Entwicklungsprozesses meßbar aufzuzeigen.

2. Straßennetz und Flächenkonzentration

Das in der DDR vorhandene Straßennetz übt auf die derzeitige und zukünftige Siedlungsstruktur und auf die Flächenkonzentration einen wesentlichen Einfluß aus. Die Straßenlängen sind über größere Zeiträume hin konstant und werden in der Regel selten Veränderungen durch Beseitigung oder Umtrassierung unterworfen. Die Verkehrslage und -struktur eines Landwirtschaftsbetriebes oder eines bestimmten Siedlungsgebietes wird vom jeweiligen Umfang und der Netzgestalt sowie von den einzelnen Maschen und Knoten dieses Netzes mehr oder weniger stark geprägt. Die Bezirke der DDR zeichnen sich durch die in den Tabellen 4 und 5 analysierten Straßenlängen und -dichten aus (2,3). Die Anteile der Straßenlängen und -dichten (Länge = km, Dichte = m/ha) fallen in den einzelnen Bezirken unterschiedlich an. Zunächst ist die Tendenz einer im Norden der DDR geringen, dann steigend über den mittleren Raum hin zu den südlichen Bezirken zunehmenden Straßenlänge und -dichte unverkennbar. Die südlichen Bezirke sind demnach, am Straßenumfang gemessen, am günstigsten erschlossen. Es folgen dann die mittleren und zum Schluß die nördlichen Bezirke. Das Verhältnis beträgt zwischen den nördlichen und südlichen Bezirken rd. 1:3 bis 4. Eine Gegenüberstellung der klassifizierten Straßen — Fernverkehrsstraßen, Bezirksstraßen (Landstraßen I. und II. Ordnung), kommunale Straßen (Ortsverbindungsstraßen) — weist ebenfalls abweichende Tendenzen auf. In den Nordbezirken sind die Anteile der Fernverkehrsstraßen bedeutend höher als in den Südbezirken. Das Verhältnis beträgt hier ebenfalls etwa 1:3 bis 4. Zur Zeit vollzieht sich der landwirtschaftliche Verkehr noch vorwiegend auf den Bezirks- und kommunalen Straßen. Die hieraus resultierende Tendenz spricht in diesem Sinne zuungunsten der Nordbezirke. Von den Gesamtstraßenlängen enthalten die Nordbezirke einmal die geringsten Anteile und zum anderen sind durch den darin enthaltenen größeren Umfang an Fernverkehrsstraßen schlechtere Transportbedingungen für die Landwirtschaft gegeben, da die Bestell-, Pflege- und Erntebewegungen für Maschinen und Geräte im Interesse der öffentlichen Sicherheit nach Möglichkeit von den Hauptverkehrsstraßen fernzuhalten sind. Für die zukünftige verkehrsmäßige Erschließung und Flächenausdehnung zwischen den Maschen des Straßennetzes sind allerdings günstigere Voraussetzungen für die Nordbezirke gegeben. Die Analyse muß auf diesem Stand der Aussage beschränkt bleiben. Örtlich anstehende Probleme zu den auf diesen Flächen vorhandenen Hindernissen müssen vom Umfang her gesehen ausgeklammert werden und einem späteren Beitrag vorbehalten bleiben.

Tabelle 4
Umfang und Anteil der Straßenlängen in den Bezirken der DDR

	Straßen gesamt (ohne Ortsdurchfahrt)		davon						Ortsdurchfahrten (F-Str., Bez.-Str.)
			Fernver-•kehrsstraßen		Bezirksstraßen		Kommunale Str.		
	km	v.H.	km	v.H.	km	v.H.	km	v.H.	km
1	2	3	4	5	6	7	8	9	10
Rostock	3968	100	459	11	1410	36	2099	53	417
Schwerin	4062	100	613	15	1383	34	2066	51	424
Neubrandenburg	4583	100	707	15	1041	23	2835	62	485
Potsdam	7589	100	1043	14	2247	30	4299	56	129
Frankfurt	4008	100	494	12	1249	31	2265	57	537
Cottbus	5496	100	627	11	1375	25	3494	64	662
Magdeburg	8362	100	876	10	2899	35	4587	55	874
Halle	9604	100	1088	11	3311	35	5205	54	197
Erfurt	7505	100	588	8	2052	27	4865	65	668
Gera	5673	100	352	6	991	18	4330	76	320
Suhl	3851	100	278	7	1147	30	2426	63	476
Dresden	10842	100	463	4	3040	28	7339	68	1472
Leipzig	8132	100	498	6	1846	23	5788	71	850
Karl-Marx-Stadt	8592	100	571	7	2275	26	5746	67	1650
DDR	92267	100	8657	9	26266	29	57344	62	9161

Zahlen wurden auf- bzw. abgerundet

3. Siedlungsstruktur und landwirtschaftliches Verkehrswegenetz

Weitere Aussagen zur Problematik lassen sich über Analysen zur Siedlungsstruktur — Ortsteile —, zu den landwirtschaftlichen Verkehrswegelängen und -dichten sowie den Flächengrößen erzielen, wenn deren Grundwerte in bestimmten Relationen zueinander gesetzt werden. Die Analyse wird wieder für die einzelnen Bezirke der DDR vorgenommen. Es ergeben sich die in Tabelle 6 ausgewiesenen Kennzahlen. Zu diesem Zweck wurden die Flächen der Ortsteile entsprechend ihrer Größen in den einzelnen Bezirken modellmäßig jeweils als vier geometrische Figuren ausgebildet. Es handelt sich um 1 Quadrat, 1 Dreieck und 2 Rechtecke im Breiten: Längenverhältnis von 1:2 und 1:10. Der Umfang dieser Flächenformen setzt sich nur aus Verkehrswegen zusammen. Die Längen in km und Dichten in m/ha sind der Tabelle 6 zu entnehmen. Es ergeben sich in den Kennzahlen der einzelnen Bezirke und Modellfiguren ähnlich den Aussagen der übrigen Tabellen ebenfalls erhebliche Schwankungen. Es bieten sich echte Ansatzpunkte an, über eine zielgerichtete Flurneugestaltung in der Praxis entsprechende Veränderungen vorzunehmen. Bei der zukünftigen Siedlungsstruktur und Flächenkonzentration spielt daher das benötigte landwirtschaftliche Verkehrswegenetz in bezug auf Umfang und Ausbau- bzw. Betriebskosten eine entscheidende,

Tabelle 5

Ermittlung der Straßendichte in den Bezirken der DDR — bezogen auf unterschiedliche Nutzungsformen

Bezirke	bezogen auf landw. Nutzfläche				bezogen auf land- u. forstw. NF				bezogen auf Wirtschaftsfläche			
	Straßen gesamt m/ha	davon F.-Str. m/ha	davon B-Str. m/ha	davon K-Str. m/ha	Straßen gesamt m/ha	davon F-Str. m/ha	davon B-Str. m/ha	davon K-Str. m/ha	Straßen gesamt m/ha	davon F-Str. m/ha	davon B-Str. m/ha	davon K-Str. m/ha
1	2	3	4	5	6	7	8	9	10	11	12	13
Rostock	8,9	1,1	3,5	4,3	7,2	0,9	2,9	3,4	6,2	0,8	2,5	2,9
Schwerin	8,2	1,4	3,0	3,8	6,0	1,0	2,2	2,8	5,2	0,9	1,9	2,4
Neubrandenburg	7,5	1,3	2,0	4,2	5,5	1,0	1,4	3,1	4,6	0,8	1,2	2,6
Potsdam	11,6	1,6	3,5	6,5	7,1	1,0	2,2	3,9	5,9	0,8	1,8	3,3
Frankfurt/O.	12,6	1,8	4,5	6,3	7,4	1,1	2,6	3,7	6,4	0,9	2,3	3,2
Cottbus	17,8	2,4	5,3	10,1	9,1	1,2	2,7	5,2	7,4	1,0	2,2	4,2
Magdeburg	12,4	1,5	4,7	6,2	9,0	1,1	3,4	4,5	8,1	1,0	3,1	4,0
Halle	16,9	1,9	6,0	9,0	13,1	1,5	4,6	7,0	11,2	1,3	4,0	5,9
Erfurt	17,3	1,6	5,4	10,3	12,8	1,2	4,0	7,6	11,1	1,0	3,5	6,6
Gera	28,4	2,2	5,7	20,5	16,7	1,3	3,4	12,0	15,0	1,2	3,0	10,8
Suhl	29,4	2,9	10,0	16,5	12,8	1,2	4,4	7,2	11,3	1,1	3,9	6,3
Dresden	30,2	1,7	10,5	18,0	21,2	1,2	7,4	12,6	18,2	1,0	6,3	10,9
Leipzig	25,4	2,0	7,0	16,4	21,3	1,7	5,9	13,7	18,1	1,4	5,0	11,7
Karl-Marx-Stadt	29,8	2,5	10,6	16,7	19,5	1,7	6,9	10,9	17,0	1,4	6,1	9,5
DDR	15,9	1,7	5,2	9,0	10,9	1,2	3,5	6,2	9,4	1,0	3,1	5,3

(Straßenlängen ohne Ortsdurchfahrten)

Tabelle 6

Durchschnittliche Verkehrswegelängen und -dichten in Abhängigkeit von durschschnittlichen Ortsteilgrößen und unterschiedlichen Flächenformen in den Bezirken der DDR

Bezirke	$\bar{x}$ Ortsteil-größe	Verkehrswegelängen				Verkehrswegedichten			
		Quadrat	Recht-eck 1:2	Drei-eck	Recht-eck 1:10	Quadrat	Rechteck 1:2	Dreieck	Rechteck 1:2
	ha	km	km	km	km	+ × m/ha m/ha	+ × m/ha m/ha	+ × m/ha m/ha	+ × m/ha m/ha
1	2	3	4	5	6	7 8	9 10	11 12	13 14
Rostock	250	6,4	6,7	7,2	11,0	17…26	18…27	19…29	29…44
Schwerin	420	8,2	8,7	9,4	14,3	13…20	14…21	14…21	23…34
Neubrandenburg	475	8,8	9,3	10,0	15,2	12…18	13…20	14…21	21…32
Potsdam	530	9,2	9,7	10,6	16,0	12…18	12…18	13…20	20…30
Frankfurt	430	8,3	8,8	9,6	14,4	13…20	14…21	15…23	22…33
Cottbus	335	7,4	7,8	8,4	12,8	15…23	15…23	17…26	25…38
Magdeburg	635	10,0	10,6	13,4	17,5	11…17	11…17	14…21	19…29
Halle	400	8,0	8,5	9,1	13,9	13…20	14…21	15…23	23…34
Erfurt	485	8,9	9,4	10,1	15,4	12…18	13…20	14…21	21…32
Gera	215	6,0	6,3	6,8	10,3	18…27	19…29	21…32	31…47
Suhl	250	6,4	6,7	7,2	11,0	17…26	18…27	19…29	29…44
Dresden	235	6,2	6,5	7,0	10,8	17…26	18…27	20…30	30…45
Leipzig	260	6,5	6,8	7,4	11,2	17…26	17…26	14…21	29…44
Karl-Marx-Stadt	270	6,6	6,9	7,6	11,4	16…24	17…26	19…29	28…42
DDR	365	7,7	8,1	8,8	13,4	14…21	15…23	16…24	24…36

km-Angaben = angenäherte Werte
×-Spalten = Basiswert ($\bar{x}$ Ortsteilgröße)
+-Spalten = $\bar{x}$ Ortsteilgröße um 50 v.H. erhöht

Tabelle 7
Mögliche Verkehrswegelängen je Schlag in Abhängigkeit von unterschiedlichen Schlaggrößen bei einem Breiten : Längenverhältnis von 1 : 2

Schlag-größen-gruppen	Verkehrswegelängen bei ... seitigem Anschluß							
	1 ... seitig		2 ... seitig		3 ... seitig			4 ... seitig
	B	L	BB	BL	LL	BBL	LLB	alle Seiten
ha	km	km	km	km	km	km	km	km
1	2	3	4	5	6	7	8	9
Größen-gruppe I								
20	0,315	0,635	0,630	0,950	1,270	1,270	1,585	1,900
30	0,385	0,780	0,770	1,165	1,560	1,560	1,945	2,330
40	0,450	0,890	0,900	1,320	1,780	1,780	2,230	2,680
50	0,500	1,000	1,000	1,500	2,000	2,000	2,500	3,000
Größen-gruppe II								
60	0,545	1,100	1,090	1,645	2,200	2,200	2,745	3,290
70	0,590	1,185	1,180	1,775	2,370	2,370	2,960	3,550
80	0,630	1,265	1,260	1,895	2,530	2,530	3,160	3,790
90	0,670	1,340	1,340	2,010	2,680	2,680	3,350	4,020
100	0,705	1,415	1,410	2,120	2,830	2,830	3,535	4,240
Größen-gruppe III								
110	0,740	1,485	1,480	2,225	2,970	2,970	3,710	4,450
120	0,775	1,550	1,550	2,325	3,100	3,100	3,875	4,650
130	0,805	1,610	1,610	2,415	3,220	3,220	4,025	4,830
140	0,835	1,675	1,670	2,510	3,350	3,350	4,185	5,020
150	0,865	1,730	1,730	2,595	3,460	3,460	4,325	5,190
Größen-gruppe IV								
160	0,895	1,790	1,790	2,685	3,580	3,580	4,475	5,370
170	0,920	1,840	1,840	2,760	3,780	3,780	4,700	5,620
180	0,950	1,900	1,900	2,850	3,800	3,800	4,750	5,700
190	0,975	1,950	1,950	2,925	3,900	3,900	4,875	5,850
200	1,000	2,000	2,000	3,000	4,000	4,000	5,000	6,000
Größen-gruppe V								
210	1,025	2,050	2,050	3,075	4,100	4,100	5,125	6,150
220	1,050	2,100	2,100	3,150	4,200	4,200	5,250	6,300
230	1,070	2,145	2,140	3,215	4,290	4,290	5,360	6,430
240	1,095	2,190	2,190	3,285	4,380	4,380	5,475	6,570
250	1,120	2,245	2,240	3,365	4,490	4,490	5,610	6,730
Größen-gruppe VI								
260	1,140	2,280	2,280	3,420	4,560	4,560	5,700	6,840
270	1,160	2,325	2,320	3,485	4,650	4,650	5,810	6,970
280	1,180	2,365	2,360	3,545	4,730	4,730	5,910	7,090
290	1,205	2,410	2,410	3,615	4,820	4,820	6,025	7,230
300	1,225	2,450	2,450	3,675	4,900	4,900	6,125	7,350

B = Breite; L = Länge

nicht zu unterschätzende Rolle. Diese Aussage soll durch eine weitere Kalkulation, wobei sich für die Praxis bestimmte Ansatzpunkte und Relationen ableiten lassen, erhärtet werden.
Die Beziehungen zwischen Verkehrswegedichte (m/ha) und Flächengröße (ha) bei vorgegebener Schlagform gehen aus Tabelle 7 und Abb. 1 hervor. Es wurden entsprechend dem Aufbau der Tabelle 3 ebenfalls Schlaggrößengruppen bis 300

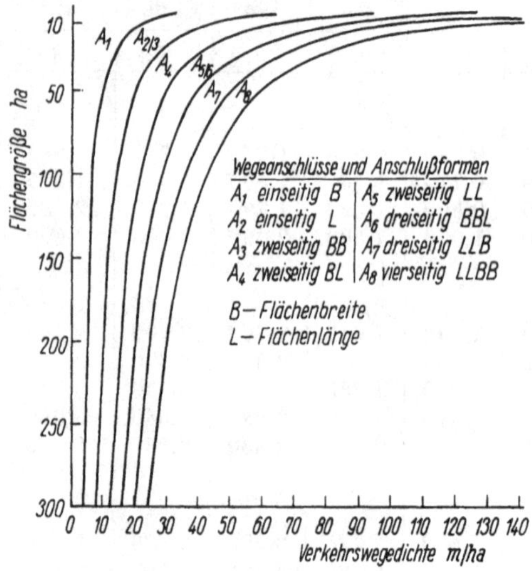

Mögliche Verkehrswegedichte je Nutzflächeneinheit in Abhängigkeit von unterschiedlichen Wege (Straßen)anschlüssen und Anschlußformen sowie Flächengrößen bei einem Breiten: Längenverhältnis von 1:2

ha, rechteckige Flächenformen mit einem Breiten: Längenverhältnis von 1:2 und 4 Wegeanschlußformen – ein-, zwei-, drei- und vierseitig (umfassend) – berücksichtigt. Mit zunehmender Begrenzung der Flächen durch Verkehrswege steigen Verkehrswegeumfang und -dichte enorm an. Für die Praxis läßt sich hiervon ableiten, Anlage und Umfang des landwirtschaftlichen Verkehrswegenetzes nach dem Grundsatz zu planen, eine minimale Verkehrswegelänge soll einen maximalen Nutzflächenaufschluß gewährleisten, um die Kosten des späteren Wegeausbaues in vertretbaren Grenzen zu halten.

4. Zusammenfassung

Die Durchsetzung industriemäßiger Produktionsmethoden führt in der sozialistischen Landwirtschaft zu Änderungen im Wirtschaftsorganismus und der Flurgestaltung. Zwischen Flurgestaltung, Siedlungsstruktur, Flächenkonzentration und Verkehrswegenetz bestehen enge Wechselbeziehungen. Im Beitrag wird über Analysen die Ausgangsbasis der z. Z. vorhandenen ländlichen Struktur aufgezeigt. In Form eines kurzen Abrisses erhalten die am Umgestaltungsprozeß der Landwirtschaft Beteiligten einen Einblick mit prognostischer Einschätzung in die umfangreiche Problematik, Grundsätze, Kennzahlen und Richtwerte gestatten die praktische Anwendung in Planungsinstitutionen und sozialistischen Landwirtschaftsbetrieben.

Резюме

Название работы: Новое землеустройство — взаимосвязи со структурой поселков, концентрацией площадей и с дорожной сетью

Применение промышленных методов производства приводит в социалистическом сельском хозяйстве к сдвигам в хозяйственном организме и в землеустройстве. Между землеустройством, структурой поселков, концентрацией площадей и дорожной сетью имеются тесные взаимосвязи. В работе дан анализ исходного базиса существующей в настоящее время сельскохозяйственной структуры. В кратком очерке участники реорганизации сельского хозяйства получают сведения о широкой проблематике, принципах, показателях и нормативах с прогностической оценкой. Дана возможность практического применения их в планирующих учреждениях и социалистических сельскохозяйственных предприятиях.

Summary

Title of the paper: New layout of fields and its relationship with settlement structure, land consolidation, and road network

Changes in the economic organism and field layout are brought about by new scientific ways of production being introduced in Socialist agriculture. There is a close interdependence between field layout, settlement structure, land consolidation, and road network. By way of analyses, the paper describes the presently existing rural structure being the basis to proceed from. Those engaged in the process of rural transformation get an insight into this vast problem along with some prognostical ideas on the matter. Fundamentals, index figures, and guide values given allow to apply these data to practical work in planning bodies and Socialist agricultural enterprises.

Literatur

Dorothea, Dr., Kaufmann, H.: Dorf im Wandel. Urania 6/1968.

Statistisches Jahrbuch der DDR 1968. Staatsverlag der DDR Berlin 1968.

Taschenkalender für das Straßenwesen 1964. VEB Verlag für Verkehrswesen Berlin 1963.

Verzeichnis der Gemeinden und Ortsteile der DDR. VEB Deutscher Zentralverlag Berlin 1962.

Anschrift des Verfassers:
Dr. agr. habil. Gerhard Lindemann
3018 Magdeburg
Lübecker Str. 43

Z. Landeskultur · Bd. 11 · 1970 · H. 5 · S. 353–361 · Berlin

Sektion Meliorationswesen und Pflanzenproduktion der Universität Rostock

VOLKER KISPERTH

Zur Bestimmung des dränbaren Porenvolumens auf Moorstandorten

Eingegangen am 10. 11. 69

Für die Erfassung instationärer Grundwasserströmungen besitzt das dränbare Porenvolumen die gleiche Bedeutung wie der Durchlässigkeitsbeiwert. Nur wenn man diese beiden physikalischen Größen kennt, ist es möglich, quantitative Aussagen über die Grundwasserströmung zu treffen.

Während es eine Vielzahl von Publikationen gibt, die sich mit der Problematik der Bestimmung des dränbaren Porenvolumens auf Mineralbodenstandorten befassen, finden sich in der Literatur nur wenige Angaben für die Ermittlung dieses Bodenkennwertes bei Moorböden.

TSCHERKASSOW (8) gibt für Niedermoore an:

$3 < f < 10$ Vol.% $\qquad f$ – dränbares Porenvolumen.

TSCHERKASSOW weist darauf hin, daß das dränbare Porenvolumen genauer am Standort zu bestimmen ist.

GEBHARDT/WOJAHN (3) untersuchen die „Makro- oder selbstdränenden Poren mit einem Äquivalentdurchmesser von 10 μm“.

Sie finden in Abhängigkeit von der Torfart Beziehungen der Form:

$f = f(k)$ $\qquad f$ – Volumen der Poren $> 10\ \mu$m

k – Durchlässigkeitsbeiwert.

Da die Abgrenzung der Makroporen von Verfahren, die für Mineralböden entwickelt wurden, entnommen ist, kann dieser Porengrößenbereich zur Charakterisierung von f auf Moorstandorten nur mit Vorbehalt verwendet werden.

1. Bestimmung des dränbaren Porenvolumens f

1.1 Problematik

Die Bestimmung von f in Labor- und Feldversuchen ist sehr schwierig, weil f eine Funktion der Zeit, der Saugspannung und der Richtung der Wasserspiegelbewegung ist.

$$f = f[y, t, \mathrm{SIGNF}\ (\partial y/\partial t)] \qquad (1)$$

y – Höhe über Wasserspiegel

t – Zeit

BASHKIS/DABUSHINSKAS (1) und EYLERS (2) belegen, daß darüber hinaus die Beziehung (1) noch durch unterschiedliche Ausgangswerte der Wasserspiegellagen verschiedene Formen annehmen kann. Diese als Hysteresis-Effekt definierte Erscheinung wirkt sich besonders auf die Abflußcharakteristik der Standorte aus. Graphisch sind diese Beziehungen in Abb. 1 dargestellt.

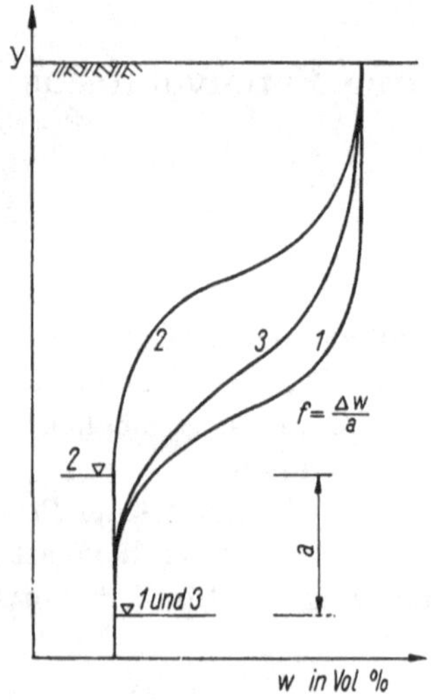

Abb. 1: Theoretische Saugspannungs-Wassergehalts-Kurven (s-w-Kurven)
1 s-w-Anfangswert
2 s-w nach Anheben des Wasserspiegels
3 s-w nach Absenken des Wasserspiegels auf den Anfangswert

Gleichung (1) zeigt, daß f eine dynamische Größe darstellt. Für praktische Untersuchungen sind aber Mittelwerte, die sich aus einer Vereinfachung von Gleichung (1) ergeben, zu erarbeiten.
Um eine charakteristische Größe für f zu finden, wurden in den Jahren 1968/1969 Feldversuche durchgeführt, da diese das beste Kriterium für die Beurteilung von f und den Vergleich mit anderen Verfahren zur Ermittlung dieses Bodenkennwertes darstellen.

1.2 Versuchsstandort

Die Feldmessungen wurden am Dränversuchsfeld Klenz der Universität Rostock durchgeführt. Der Standort ist als ein sandunterlagertes Niedermoor Nto Ia anzusprechen. Einfluß von Fremd- und Druckwasser ist vorhanden. Eine detaillierte Beschreibung des Standortes findet man bei OLBERTZ u. a. (6) und TITZE (7).
Dieser Standort erwies sich für die Untersuchungen als besonders geeignet, da Voruntersuchungen schon vorlagen. Wichtige Voraussetzungen, die für die Versuche notwendig waren, weist das Dränversuchsfeld auf (Meßschächte, Schöpfwerk und systematische Dränung zur Grundwasserregulierung).
Eine Wetterstation zur Messung der meteorologischen Daten ist ebenfalls vorhanden.

1.3 Versuchsmethodik

Zur Bestimmung des dränbaren Porenvolumens wurden Wasserspiegelschwankungen und die damit verbundenen Änderungen des Volumenanteiles Wasser im Boden gemessen.
Die Wasserspiegelschwankungen wurden mit den erwähnten Anlagen zur Wasserhaushaltsregulierung des Dränversuchsfeldes realisiert.

Es wurden sowohl Dräneinstau, als auch Entwässerungsversuche durchgeführt. Gemessen wurden stets annähernd stationäre Zustände.

Das Niveau der Grundwasseroberfläche wurde mit Piezometern eingemessen. Die Meßgenauigkeit betrug $\pm$ 1 mm. Dieses Meßverfahren ist bei KISPERTH (5) ausführlich beschrieben.
Der Feuchtegehalt der Bodenprofile wurde durch die Entnahme von ungestörten Bodenproben mit 100 cm^3 Stechzylindern bestimmt.

Die vereinfachte Form der Gleichung zur Bestimmung von f lautet:

$$f = \frac{\int_{y_2}^{y_1} (w_1 - w_2)\, dy}{-\Delta y^*} \qquad (2)$$

y — Lotrechte

w — Wassergehalt

Δy^* — Differenz der Wasserspiegelschwankung

mit $w = f(y)$.
In Gleichung (2) ist die Zeit als Variable nicht enthalten, d. h. diese Gleichung gilt nur für stationären, bzw. quasistationären Zustand. Das Integral in (2) stellt die Wassermenge pro Flächeneinheit dar, die dem Profil zwischen den Meßereignissen 1 und 2 zu- bzw. abgeführt wird.

Zur versuchsmäßigen Ermittlung der Beziehung $w = f(y)$ wurden Profile bis unter den Wasserspiegel gegraben und im Abstand von 5 cm 100 cm^3 ungestörte Bodenproben entnommen. Der Wassergehalt wurde durch Trocknen der Proben bestimmt.

2. Kalkulation von f

2.1 Bestimmung der Wassergehaltsänderung der Profile

Die graphische Darstellung $w = f(y)$ der Messungen zeigen die Abb. 2 und 3. Das Integral in Gleichung (2) wurde durch Planimetrieren und numerisches Lösen erhalten. Das arithmetische Mittel dieser beiden Ergebnisse ging in die weiteren Berechnungen ein.
Für die Auswertung mußte zusätzlich noch die Mooratmung beachtet werden. Durch Nivellements der Dränrohre und der Mooroberfläche konnte festgestellt werden, daß bei den Ent- und Bewässerungsversuchen die obere entwässerte Moorschicht durch die Wirkung des Auftriebes bewegt wird. Es tritt keine meßbare Schrumpfung des entwässerten Profiles ein. Aus diesem Grund wurde die

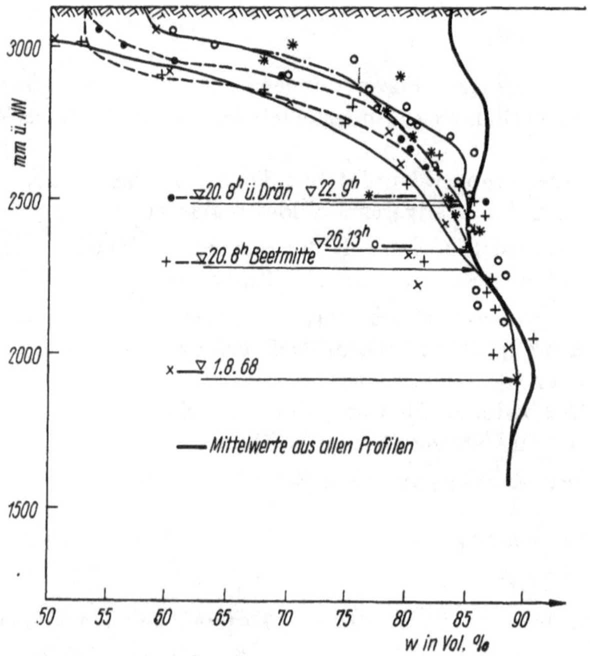

Abb. 2: w in Vol.%. Einstau September 68

bewegte Mooroberfläche immer auf das gleiche Bezugsniveau gesetzt (s. Abb. 2 und 3).*
Zur Bestimmung von f müssen die so erhaltenen Differenzen des Wassergehaltes noch im Rahmen der Wasserbilanz des Standortes betrachtet werden.

2.2 Wasserbilanz zur Ermittlung von f

Setzt man in der Wasserhaushaltsgleichung

$$A = N - V + (B - R)$$

den Abfluß A gleich dem Abfluß A_y, der durch Wasserspiegeländerungen bedingt wird:

$$A = A_y = \Delta y^* f,$$

y^* – Ordinate des Wasserspiegels

so kann man f aus der Wasserbilanz kalkulieren, falls alle übrigen Komponenten bekannt sind.
Dieser Ansatz stellt wegen der Zusammensetzung von A eine Näherung dar.

$$A = A_y + A_{NV}$$

A_y – Abfluß bedingt durch Wasserspiegelschwankungen
A_{NV} – Abfluß bedingt durch N, V, Zu- u. Abfluß

$$A_{NV} = A_N + A_V + A_F$$

* Über die Meßmethodik und die Ergebnisse der Messungen zur Mooratmung soll in einem folgenden Beitrag berichtet werden.

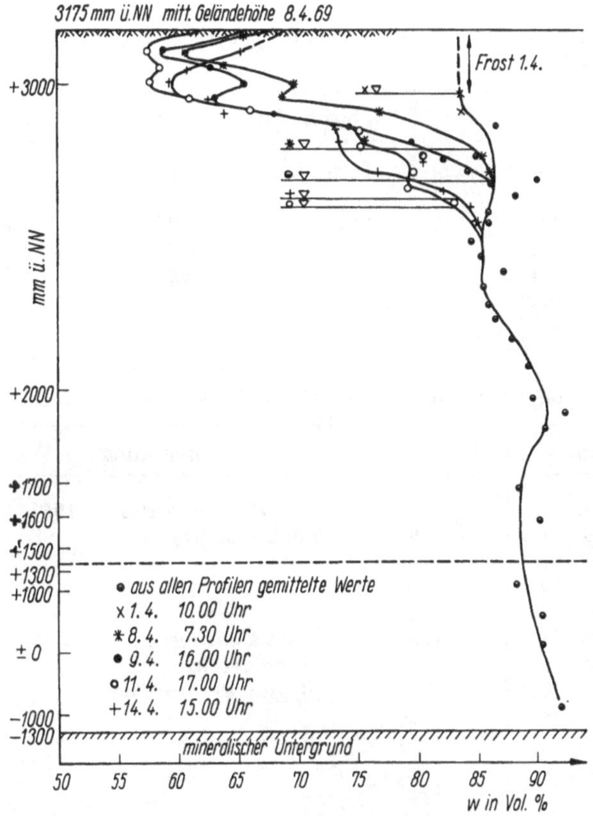

Abb. 3: w in Vol. % bei Entwässerung

Die Größe A_{NV} konnte bei den meisten Messungen vernachlässigt werden. Die Messungen, bei denen A_{NV} einen bedeutenden Einfluß hatten, wurden zur Berechnung von f nicht benutzt.

Die potentielle Verdunstung V wurde nach dem Verfahren von HAUDE ermittelt. Da vor jeder Messung der Boden praktisch die maximal ausschöpfbare Bodenfeuchte hatte, wurde für die Wasserbilanz die aktuelle Evapotranspiration gleich der potentiellen nach HAUDE gesetzt.

Auf eine Wasserbilanz der im November 1968 durchgeführten Messungen konnte wegen der vernachlässigbaren Größe von $(N - V)$ verzichtet werden.

Tabelle 1 zeigt als Beispiel die Wasserbilanz für den Entwässerungsversuch im April 1969.

In Zusammenhang mit den Abbildungen 2 und 3 erhält man mit dieser Bilanz Aufschlüsse über die hydrologischen Vorgänge im Boden.

Tabelle 2 zeigt eine Zusammenstellung aller ermittelten Werte für f.

Tabelle 1
Wasserbilanz der Entwässerung April 1969
$A_y = N - V + (B - R)$

Datum	1. 10 h bis 8.	7 h bis 9.	10 h bis 11.	17 h bis 14. 15 h
B in mm	49,7	20,5	24,1	2,7
R in mm				11
y in mm	187	105	79	−30
N-V in mm	−26	−1,9	−6,4	11,3−7,8
f in Vol.%	(13)	10	22	16
Bemerkung	Frost			

Tabelle 2
Zusammenstellung der Werte für das dränbare Porenvolumen

Datum	f in Vol. %	Bemerkung
20.−25. 11.	18	Entwässerung Herbst 1968
25.−26. 11.	29	nach Starkregen
26.−30. 11.	23	
30.− 3. 12.	10	
3.−10. 12.	22	
1.− 8. 4.	(13)	Entwässerung Frühjahr 1969
8.− 9. 4.	10	Nach Starkregen,
8.−11. 4.	22	Beginn der Tauperiode
11.−14. 4.	16	
20. 9.	(12)	Einstau 1968
20.−22. 9.	20	
Mittelwert	19	

2.3 Bestimmung der selbstdränenden Poren nach GEBHARDT/WOJAHN

Obige Ausführungen zeigen, daß es recht aufwendig ist, das dränbare Porenvolumen im Feldversuch zu bestimmen. Eine indirekte Bestimmung erscheint erstrebenswert. Die Ansätze von GEBHARDT/WOJAHN (3) erfüllen diese Forderung. Deshalb wurden mit Hilfe dieser Beziehungen die „selbstdränenden Poren" oder „Makroporen" bestimmt. Die nach WERTZ (9) berechneten Durchlässigkeitsbeiwerte für den mit Wasser gesättigten Bereich des Bodens wurden dazu aus den 15 untersuchten Profilen gemittelt. Tabelle 3 zeigt die Ergebnisse.

3. Diskussion der Ergebnisse und Schlußfolgerungen

Ein Vergleich der Mittelwerte für f der Tabellen 2 und 3 zeigt, daß die Untersuchungen recht erhebliche Unterschiede ausweisen.
Der Mittelwert von $f = 31{,}6$ der nach GEBHARDT/WOJAHN bestimmten Werte ist wegen der für Moore nicht zutreffenden Festlegung, daß die Poren $> 10\ \mu m$ als selbstdränend bezeichnet werden, zu hoch.

Tabelle 3
Volumen der Makroporen nach GEBHARDT/WOJAHN (3), graphisch ermittelt (f).
$k = f(S\ V)$ nach WERTZ (9).

m ü. NN	k in m/d	f in% grobfasriger Seggentorf	f in% Schilf torf	
3,00	0,133	24	24	↑ Bereich der Wasserspiegel-schwankungen in den Versuchen
2,95	0,15	26	26	
2,90	0,19	27	28,5	
2,85	0,21	28	29,5	
2,80	0,18	26,5	27,5	
2,75	0,16	26	27	
2,70	0,20	28	29	
2,65	0,39	35	34,5	
2,60	0,29	31,5	31,5	
2,55	0,27	31	31	
2,50	0,29	31,5	31,5	
2,45	0,27	31	31	
2,50	0,28	31,5	31,5	
2,35	0,26	30,5	30,5	
2,30	0,29	31,5	31,5	
2,25	0,35	33,5	33,5	↓
2,20	0,35	33,5	33,5	Mittelwert f = 31,6%
2,15	0,28	29,5	30	
2,05	0,31	32,5	31,5	
2,00	0,66	42,5	40	
1,95	0,35	33,5	33,5	
1,90	0,64	43,5	37,5	
1,85	0,63	43	37,5	
1,80	0,65	44	38	
1,75	—	—	—	
1,70	0,84	47	43,5	
1,65	0,64	43,5	37,5	
1,20	0,33	33	33	
0,70	0,57	40,5	38	
0,20	0,45	38	35,5	
−0,80	0,33	33	33	
−1,20	0,13	24	25,5	

Eine Verwendung der Poren $> 10\ \mu m$ zur Charakterisierung des dränbaren Porenvolumens muß deshalb verworfen werden, da man mit solchen Werten bei quantitativen Betrachtungen zu ernsthaften Fehlern kommen kann.

Auch der von TSCHERKASSOW (8) gegebene Bereich, in welchem sich das dränbare Porenvolumen bewegen soll, konnte hier nicht bestätigt werden.

Aus Tabelle 2 kann man entnehmen, daß mit den vorliegenden Untersuchungen keine Aussagen über den Hysteresiseffekte getroffen werden können. Daraus kann aber auch gefolgert werden, daß dieser Effekt für die Erarbeitung von repräsentativen Mittelwerten von f von untergeordneter Bedeutung ist.

Da eine quantitative Betrachtung der instationären Strömungsvorgänge im Boden ohne die Kenntnis des dränbaren Porenvolumens nicht möglich ist, erscheint es nötig, Beziehungen zur Ermittlung von f auf Moorstandorten zu erarbeiten.
Für die Praxis der Projektierung wird dabei die Kalkulation des dränbaren Porenvolumens als konstante Größe (zeitunabhängig) aus bodenphysikalischen Kennwerten besonders Bedeutung erlangen. Für wissenschaftliche Untersuchungen ist es aber erforderlich, das dränbare Porenvolumen darüber hinaus auch noch als Funktion der Zeit, bzw. in seiner gesamten Dynamik zu erfassen.

Zusammenfassung

Ausgehend von der Notwendigkeit der Kenntnis des dränbaren Porenvolumens bei der quantitativen Erfassung von Grundwasserströmungen wird diese bodenphysikalische Größe in Feldversuchen bestimmt. Dazu dienen Entwässerungs- und Einstauversuche am Dränversuchsfeld Klenz.
Die Ergebnisse werden mit den nach GEBHARDT/WOJAHN ermittelten „Volumenanteil der selbstdränenden Poren" verglichen. Es zeigt sich, daß die nach GEBHARDT/WOJAHN ermittelten Werte wesentlich größer sind als das dränbare Porenvolumen des untersuchten Niedermoorstandortes.
Auf die Notwendigkeit der Erarbeitung von Verfahren zu indirekten Bestimmung des dränbaren Porenvolumens bei Mooren wird hingewiesen.

Резюме

Название работы: К определению доступной дренажу порозности почв болотных местопроизрастаний.

Исходя из необходимости достижения данных о доступной дренажу порозности при количественном учете течений грунтовых вод автор определяет этот физический почвенный показатель в полевых опытах. Этой цели служат опыты по осушению и подпору на дренажном опытном поле Кленц.
При сравнении резулбтатов с установленной Гебгардтом и Вояном „долей самодренирующих пор в общем объеме всех пор" оказывается, что величины Гебгардта и Вояна значительно превышают доступную дренажу порозность исследуемого низинного болотного местопроизрастания.
Отмечается необходимость разработки методов косвенного определения доступного дренажу объема пор болотных почв.

Summary

Title of the paper: Determination of the drainable pore volume on peat locations

Proceeding from the necessity of knowing the drainable pore volume when quantitatively estimating certain ground-water flows, this soil-physical magnitude is determined in field trials. For that purpose, drainage and furrow-irrigation experiments were conducted on the Klenz experimental drainage plot.

The results are compared with the „volume proportion of draining pores" established by GEBHARDT/WOJAHN. The values obtained by GEBHARDT/WOJAHN proved to be considerably higher than the drainable pore volume of the low-peat location under study.
Reference is made to the need of developing methods for the indirect determination of the drainable por volume of peat locations.

Literatur

BASHKIS, K. u. DABUSHINSKAS, K.: Hydrological and technical problems of land drainage — Discus., Prag (1966), S. 51—62

EYLERS, H.: Neue Bemessungsverfahren für den Dränentwurf und ihre Überprüfung im Feldversuch (Dränversuch Infeld). Mitt. Inst. f. Wawi. u. landw. Wasserbau der TH Hannover, Heft 12, (1968) S. 1—305.

GEBHARDT, E. u. WOJAHN, E.: Über die Wasserdurchlässigkeit in Niedermoortorfen. Z. f. Landesk. 6 (1965) 2, S. 293—304, 7 (1966) 2, S. 93—105.

KELLER, R.: Gewässer und Wasserhaushalt des Festlandes. Leipzig 1962.

KISPERTH, V.: Ein Beitrag zur Dränabstandsbestimmung. Diss. Univ. Rostock 1969.

OLBERTZ, M. H., TITZE, E. u. FINGER, K. H.: Auswirkung verschiedener Entwässerungstiefen und Strangentfernungen auf die physikalischen Bodenverhältnisse. Abschlußbericht FA 2152—17h 3-01/7 Rostock 1963.

TITZE, E.: Der Wasser und Lufthaushalt der oberen vererdeten Schichten des Klenzer Niedermoores und sein Einfluß auf den Ertrag. Diss. Univ. Rostock 1966.

TSCHERKASSOW, A. A.: Melioration. Moskau 1950.

WERTZ, G.: Ein Beitrag über die bodenphysikalischen und hydrologischen Grundlagen der Moorentwässerung. Diss. Univ. Rostock 1962.

WERTZ, G.: Einige Beziehungen zwischen den physikalischen Größen mecklenburgischer Niedermoore. Z. f. Landeskultur 1 (1960) S. 262—266.

Anschrift des Verfassers:
Dr. V. KISPERT
Sektion Meliorationswesen und
Pflanzenproduktion der Univ. Rostock
25 Rostock
Satower Straße

Z. Landeskultur · Bd. 11 · 1970 · H. 5 · S. 363–374 · Berlin

Aus der Sektion Meliorationswesen und Pflanzenproduktion der Universität Rostock

DIETER HILLIGER

Laborverfahren zur Bestimmung der Leistungsfähigkeit von Dränrohren unter praxisnahen Bedingungen und zur Ermittlung des Dränabstandes

Eingegangen am 23. 10. 69

1. Charakterisierung der Verfahren der Dränabstandsbestimmung

Die bisher bekannt gewordenen Verfahren der Dränabstandsermittlung – ob empirische, versuchstechnische oder die auf mathematischer Basis begründeten stationären oder instationären Verfahren – vernachlässigen mehr oder weniger Faktoren, welche die Aufnahmeleistung der Rohre beeinflussen. Solche Faktoren sind der schlecht vorhersehbare Strömungswiderstand in unmittelbarer Rohrnähe und der Eintrittswiderstand der Rohre. Den Eintrittswiderstand z. B. berücksichtigt man gar nicht und rechnet also mit einem idealen Drän, oder man versucht, den Eintrittswiderstand pauschal über den wirksamen Durchmesser eines Dräns, der dann statt des wirklichen Durchmessers in die Rechnung eingesetzt wird, zu berücksichtigen [1].

Mit dem Aufkommen von Plastdräns und künstlichen Dränfilterstoffen spielte die Untersuchung des Eintrittswiderstandes eine immer größere Rolle. Wesentliche Beiträge zur Konstruktion leistungsfähiger Dränrohre erschienen von WIDMOSER [10, 11], WERTZ [8], MURASCHKO [6], WESSELING und HOMMA [9]. Letztere errechneten aus den in Holland üblichen Dränabständen die für einen vorgegebenen Abfluß nötige Perforationsfläche.

Sieht man von den sehr kostspieligen und zeitaufwendigen Feldversuchen ab, sind keine Methoden der Dränabstandsbestimmung bekannt, die neben den üblichen Bemessungswerten [1,4] folgende, für die Aufnahmeleistung mitunter entscheidende Gegebenheiten berücksichtigen:

1. Parameter der verwendeten Dränrohre (Rohrdurchmesser, Größe, Ausbildung und Aufteilung der Eintrittsfläche, Wandstärke)
2. Zuordnung eines bestimmten Rohres zu einem bestimmten Boden
3. Anwendung von Filtern (Filterart, -dicke und -einbringung)
4. Besonderheiten der Verlegetechnologie der Dränrohre (beispielsweise Verlegung auf glatte oder unebene Sohle, Grabenbreite, Verstechen, zu erwartender Feuchtigkeitsgehalt des Bodens bei Verlegung).

2. Entwicklung eines Verfahrens zur Dränabstandsermittlung

2.1. Begründung der Notwendigkeit eines neuen Verfahrens

Viele Untersuchungen und nicht zuletzt manches Versagen von Dränanlagen weisen darauf hin, daß dem rohrnahen Raum für den Dränerfolg eine große Bedeutung zukommt. Sollen die Punkte 1 bis 4 in Kapitel 1 bei der Bestimmung des Dränabstandes berücksichtigt werden, so kann das nur über den hier nicht weiter diskutierten Feldversuch oder über eine direkte Laboruntersuchung geschehen. Analoge Untersuchungen scheiden aus, da viele Parameter im rohrnahen Raum (z. B. Dicke und Durchlässigkeit der Bodenausschlämmungszone vor den Schlitzen, k_f-Wert von Schmierzonen am Rohr, Veränderungen in Raumfiltern, Versetzung der Eintrittsfläche u. ä.) nicht gemessen und modelliert werden können; mitunter kann nicht einmal mit Sicherheit gesagt werden, ob in solchen Bereichen Analogiebeziehungen noch Gültigkeit haben. Andererseits lassen sich in den üblichen Dränkästen nicht die für eine Dränabstandsbestimmung notwendigen geometrischen Randbedingungen modellieren. Aus der Literatur bekannte Dränkästen erlauben keine natürliche Anströmung der Dränrohre (z. B. [2, 7, 6]). Für viele Untersuchungen sind solche Verhältnisse auch nicht nötig, wenn aber Aussagen über die Leistungsfähigkeit von Dränrohren im späteren Praxiseinsatz gefordert sind, kann nur ein Verfahren brauchbare Werte geben, mit dem die wichtigsten, beim Praxiseinsatz auftauchenden Parameter simuliert werden können. Wie groß der Unterschied der Wasseraufnahme von Plastdränen je nach Anströmung ist, zeigt Tabelle 1. Die Werte wurden in der unten beschriebenen Anlage gemessen bei Verwendung eines sehr durchlässigen Sandes. Die Abflüsse bei „natürlicher“ Zuströmung wurden gleich 100% gesetzt.

Man erkennt aus Tabelle 1, daß bei zunehmender Schlitzreihenzahl die Unterschiede zwischen den Abflüssen bei variierten Anströmungsverhältnissen (von oben bzw. wie unter natürlichen Bedingungen) größer werden. Diese Erkenntnis ist beim Vergleich verschiedener Sandkastenversuche zu berücksichtigen.

Tabelle 1

Rohrdurchmesser cm	Schlitzbreite mm	Schlitzreihenzahl	Dränabfluß bei Wassergabe im Tank nur von oben %
8	0,6	1	71
8	0,6	4	71
8	0,6	8	58
9	1,2	1	92
9	1,2	4	61
9	1,2	8	58
11	1,2	1	95
11	1,2	4	60
11	1,2	8	59

2.2. Einsatzmöglichkeiten der Versuchsanlage

Durch die gegebene Möglichkeit, die Plastdräns nach beliebigen Vorstellungen und Erfordernissen zu konstruieren, wird dieses neue Verfahren besonders aussagekräftig in Hinsicht auf die Eignung der Rohre in der Praxis. In erster Linie wird die Untersuchungsmethode genutzt, die Wasseraufnahmeleistung von Dränrohren zu testen. Versuche mit der beschriebenen Anlage werden vor allem dann nützlich sein, wenn Dränanlagen eingerichtet werden mit Rohren, über die noch keine praktischen Erfahrungen vorliegen oder dann, wenn komplizierte Bodenverhältnisse angetroffen werden, die in ihren Auswirkungen auf die Leistungsfähigkeit der Dränanlagen schlecht abzuschätzen sind. Gleichzeitig lassen sich natürlich auch Untersuchungen über Bodenwanderung im rohrnahen Bereich und im Rohr, Verschlammungsneigungen bestimmter Rohr-Boden-Kombinationen oder optimale Bemessung von Schlitzweiten sinngemäß der bei WERTZ [8] aufgezeigten Methode durchführen. Durch die Größe des Dränkastens ist es sogar möglich, bei der Einbringung der Rohre bestimmte Technologien zu simulieren, z. B. Einbau des Rohres in einen Graben, grabenloser Einbau durch gleichmäßige Überschichtung des Rohres und entsprechende Bodenverdichtung, Verlegen auf geglättete oder unebene Sohle usw..

Nach Voruntersuchungen mit dem Elektro-Analogie-Modell lassen sich im Dränkasten auch einfache Bodenschichtungen und verschiedene Lagen der undurchlässigen Schicht simulieren; dabei ist es gleichgültig, in welcher Tiefe die undurchlässige Schicht liegt.

Da das Verfahren, wie noch zu beschreiben, von einem Gleichgewicht zwischen Zu- und Abfluß ausgeht, kann es nicht direkt für instationäre Vorgänge eingesetzt werden. Der Boden im Dränkasten ist voll gesättigt und überstaut, und für diesen Fall wird die zutreffende Dränspende ermittelt. Langzeitversuche sind mit der Anlage durchführbar, wenn man in Kauf nimmt, den Wasserstand etwa aller 2 Std. zu kontrollieren und neu einzuregeln oder wenn man auf die Überprüfung des Zufluß — Abfluß — Gleichgewichtes verzichtet. Im letzteren Falle wird lediglich mehr Wasser von oben zugegeben als versickern kann, und das Zuviel durch einen Überlauf abgeführt. Die Zeiten zwischen den Kontrollen der Anlage können dann verlängert werden.

Obwohl noch keine Untersuchungen über den Abfluß bei einem abgesenkten Wasserspiegel oder über instationären Dränabfluß durchgeführt wurden, dürfte beides zu untersuchen möglich sein. Im ersten Falle könnte man z. B. die Lage der freien Oberfläche bei einer gewünschten Absenktiefe in Dränbeetmitte mit dem Spaltmodell oder dem Elektro-Analogie-Modell, z. B. in der bei MÜLLER [5] gezeigten Weise, feststellen und dazu elektroanalog die Stromlinien aufnehmen. Die nunmehr bekannten Verhältnisse sind im Dränkasten modellierbar, und der sich dabei einstellende Abfluß kann gemessen werden. Die Lösung im zweiten Falle müßte durch Näherung erfolgen, durch die Aufteilung des instationären Vorganges in zeitweise stationäre Abschnitte mit jeweilig veränderter freier Oberfläche.

2.3. Grundlagen des Verfahrens

Das Grundlegende dieser Methode besteht in der Verbindung elektro-analoger Untersuchungen, die in unserem Fall in einem elektrolytischen Trog durchgeführt werden, mit der wesentlich wirklichkeitsnaheren Untersuchung im Dränkasten. Im Elektroanalogon kann man die Leistung einer Dränung wegen der Unsicherheiten in Rohrnähe nur ungenau feststellen. Es kann aber ein gültiges Strömungsbild aufgenommen werden, das sein Aussehen bei unterschiedlichen Verhältnissen in Rohrnähe schon einige Zentimeter vom Rohr entfernt nicht ändert [3,10]. Man modelliert dazu im elektrolytischen Trog die Gegebenheiten, wie Lage der undurchlässigen Schicht, eventuell vorhandene Bodenschichten, angenommene Dräntiefe und den Dränrohrgraben, wenn dessen Durchlässigkeit von der des umgebenden Bodens unterschiedlich ist. Das Dränrohr kann der Einfachheit halber als punktförmige Senke bzw. idealer Drän modelliert werden. Die Strömungsbildaufnahmen erfolgen bei einigen unterschiedlichen Dränentfernungen. Der optimale Dränabstand muß im Bereich der variierten Dränentfernungen enthalten sein. In das Strömungsbild des geschätzten Dränabstandes wird der Querschnitt des Dränkastens hineingezeichnet (s. Abb. 1) und die Aufteilung der Wassermengen auf die Einleitungsstellen vorgenommen. Es ist dabei gleichgültig, ob der geometrische Ort der Einleitungsstellen verändert wird oder die den Einleitungsstellen zugeordneten Wassermengen variiert werden. Anzustreben ist eine solche Anordnung, daß der „natürliche" Strömungsbereich um dem Drän möglichst groß ist. Die Überprüfung der Strömung kann ebenfalls auf elektroanalogem Wege oder später durch die Druckverteilungsmessung im Dränkasten und die anschließende Konstruktion der Strömungslinien erfolgen. In Abbildung 2 ist ein Vergleich dazu geführt. Da im Dränkasten nur bis 50 cm unter der Dränachse Boden eingebracht werden kann, wird eine tiefer liegende undurchlässige Schicht durch eine entsprechende, eben im Elektroanalogen gefundene Strömungsverteilung modelliert.

Beim Einbau des Rohres sollte schon die später in der Praxis zum Einbau verwendete Technologie berücksichtigt und durch eine entsprechende Einbaumethode simuliert werden. Nachdem der Boden sich abgesetzt hat, kann mit dem eigenlichen Versuch begonnen werden. Willkürlich läßt man das Wasser den links und rechts im Trog angeordneten Zuleitungsrohren und dem über der Bodenoberfläche angeordneten zuströmen und mißt den Abfluß des Dräns. Dieser wird entsprechend dem im Elektroanalogon ermittelten Verhältnis aufgeteilt. Diese neuen Werte stellt man an den Einleitungsstellen ein und mißt erneut den Abfluß. Dieser Vergleich zwischen Ab- und Zufluß (Q_D, Q_Z) und die Regelung des Zuflusses entsprechend dem Aufteilungsverhältnis wird so lange wiederholt, bis stationärer Abfluß erreicht ist, der sich in einer konstanten Lage des Wasserspiegels äußern muß und in der Erfüllung der Bedingung $Q_D = Q_Z = c_a Q_D + c_{bb'} Q_D + c_{cc'} Q_D + c_{dd} Q_D$ (c — Faktoren der Teilwassermengen für die Zuleitungsrohre). Nunmehr kann der Dränabfluß gemessen und zur weiteren Auswertung verwendet werden.

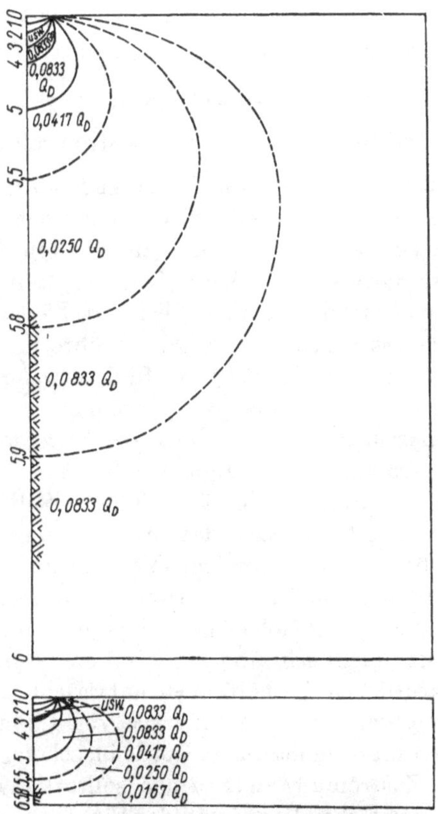

Abb. 1a: Im elektrolytischen Trog aufgenommenes Strömungsbild bei a/2 = 3,50 m mit Dränkastenschablone

Abb. 1b: Im elektrolytischen Trog aufgenommenes Strömungsbild bei a/2 = 21,00 m (a — Dränabstand)

Soll die Dränentfernung unter der Bedingung ermittelt werden, daß in Dränbeetmitte eine geforderte Absenkleistung erzielt wird, geht man folgendermaßen vor. Gegeben sei also eine Absenkleistung q in $L\,T^{-1}$. Diese entspricht einer bestimmten Abflußspende q' in $L^3L^{-2}\,T^{-1}$. Der Drän bringt pro Einheitslänge eine

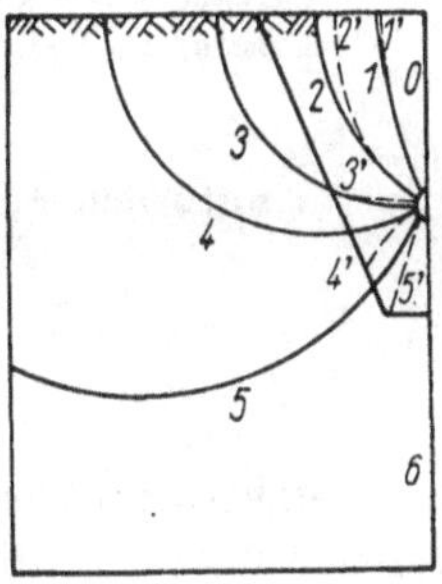

Abb. 2: Vergleich der im Dränkasten erreichten Strömung mit der im elektrolytischen Trog ausgemessenen (Ausschnitt aus der Strömungsaufnahme bei a/2 = 17,50 m)

Wassermenge Q_D, gemessen in $L^3\,T^{-1}$. Hat man das Dränbeet in n Stromröhren gleichen Abflusses eingeteilt — je mehr es sind, desto genauer wird die Aussage — so fließt durch jede einzelne Stromröhre eine Wassermenge $Q_s = \frac{Q_D}{n}$. Nach der Teilung $\frac{Q_s}{q}$ erhält man die gesuchte Querschnittsfläche der Stromröhre in Dränbeetmitte in L^2. Der Dränabfluß war in einer Lamelle der Tiefe einer Einheitslänge betrachtet worden, somit ist die gefundene Fläche nur noch durch die Einheitslänge zu teilen, um die Breite der Stromröhre zu erhalten, in der die geforderte Absenkleistung gerade noch erreicht wird (Länge-L, Zeit-T).
Aus der aufgenommenen Serie von Strömungsbildern bei verschiedenen Dränabständen wird nunmehr das herausgesucht, dessen Stromröhre in Dränbeetmitte etwa die gefundene Breite aufweist. Die für jenes Bild verwendete Dränentfernung ist die optimale. Sollte kein passendes Bild vorhanden sein, so kann dieses auch nachträglich aufgenommen werden, wobei aus Zeitersparnis nur die äußere Stromröhre ausgemessen zu werden braucht, oder man interpoliert nach Anfertigung einer Graphik entsprechend der abgebildeten. Sollte sich die geschätzte Dränentfernung als so falsch erweisen, daß die Strömung innerhalb des Dränkastens stark von der beim Elektro-Analogie-Versuch und der wahrscheinlichen Dränentfernung abweicht, so ist die Versuchsreihe mit der verbesserten Dränabstandsschätzung zu wiederholen. Eine Versuchsreihe hat aber gezeigt, daß die Abflußmengen sich nicht sehr ändern, wenn die Geometrie der Zuströmung nicht ganz den natürlichen Verhältnissen entspricht. Ein PVC-Rohr mit einem Durchmesser von 9 cm, einer Schlitzbreite von 1,2 mm, wobei Schlitz- und Steglänge gleich sind, mit 8 Schlitzreihen wurde im schon genannten Sand untersucht. Um natürliche Zuströmung zu erreichen, sollte die Wasseraufteilung bei der verwendeten geometrischen Verteilung der Einleitungsrohre wie 0,4:0,2:0,2:0,2 (in der Reihenfolge a, b/b′, c/c′, d/d′ nach Abb. 3) sein. Eine Veränderung der Zuflüsse ergab die in Tabelle 2 gezeigten Abflußverschiebungen.

Tabelle 2
Verschiedene Aufteilung des Zuflusses und daraus resultierender Dränabfluß

Einleitungsverhältnis	Abweichung zum „natürlichen" Abfluß %	Bemerkungen
1,00:0 :0 :0	−42	Zufluß von oben
0,53:0,19:0,18:0,10	−19	(fehlt in Tab. 1)
0,40:0,17:0,18:0,25	− 2	
0,41:0,20:0,21:0,18	+ 2	
0,40:0,20:0,20:0,20	0	„natürlicher" Abfluß

2.4. Beschreibung der Versuchsanlagen

2.4.1. Elektrolytischer Trog

In einem verwindungssteifen Stahlprofilrahmen ist der elektrolytische Trog mit dem Zeichengerät eingelassen. Für räumliche Untersuchungen ist die fest installierte, 50 cm tiefe PVC-Wanne geeignet, für flächenparallele Untersuchungen kann ein transportabler Trog von 1,40 m × 0,85 m × 0,15 m verwendet werden, der in den tiefen Trog hineinpaßt. Mit dem Sondenschlitten verbunden ist der Pantograph, der die Bewegungen der Sonde auf einen ca 0,90 m über der Sonde liegenden, elektromagnetisch betätigten Zeichenstift überträgt. Die Zeichenfläche ist 1,00 m × 1,50 m groß. Der Pantograph ermöglicht Maßstabsveränderungen. Der elektrolytische Trog wird mit 800 Hz Strom gespeist, gemessen wird in Brückenschaltung mit Nullanzeige durch einen Oszillographen. Des weiteren sind Geräte vorhanden zur Kapazitätskompensation, Widerstandsmessung, Leitfähigkeitsmessung und zur Nullanzeige beim Arbeiten mit Gleichstrom. Die genaue Beschreibung der Anlage findet sich bei HILLIGER [3].

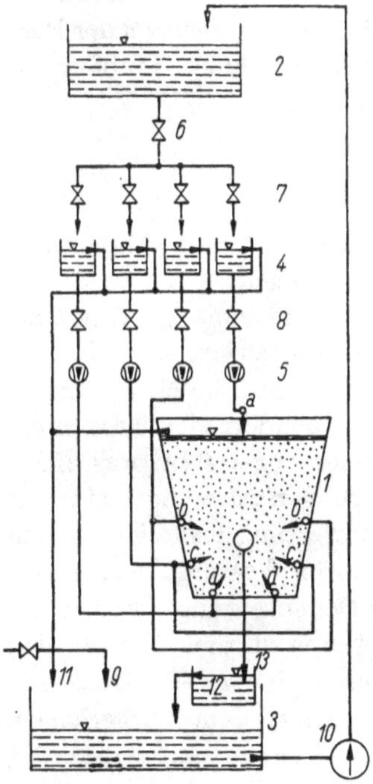

Abb. 3: Wasserkreislaufsystem der Drän-Versuchsanlage
1 — Dränkasten mit Wasserzuführungsrohren a-d und Sicherheitsüberlauf
2 — oberer Wasserbehälter
3 — unterer Wasserbehälter
4 — Niveaugefäße
5 — Schwebkörpermesser
6 — Absperrhahn
7 — Verteilerhähne
8 — Schlauchquetschhähne
9 — Frischwasserzufuhr
10 — Kreislaufpumpe
11 — Überlaufwasser
12 — Dränwasser
13 — Vorlage

2.4.2. Dränkasten

Der Dränkasten ist ein 2 m³ fassender Stahlblechkasten. Mit Hilfe von Elektro-Analogie-Untersuchungen ist die Form so gewählt worden, daß sie einen Kompromiß zwischen kleinem Randeinfluß und geringer Bodenbewegung bei Rohr- oder Bodenwechsel bildet. Der Drän kann von der Achse aus maximal mit 90 cm Boden überdeckt werden. Ungefähr 90 Piezometer werden horizontal durch die Stirnwände geführt und leiten den Druck über Schläuche auf Standrohre, die auf einer Anzeigewand zusammengefaßt sind. Die Wasserzuführung geschieht von oben durch Beregnen, von der Seite durch 2 Paar und von unten durch ein Paar eingegrabene, gelochte und mit Glasflies abgedeckte Rohre. Das Dränwas-

ser fließt in eine Vorlage, die zum Absetzen des Bodens vor das untere Sammelgefäß geschaltet wurde. Das Sammelgefäß nimmt weiterhin das Überlaufwasser der Niveaugefäße, den Sicherheitsüberlauf des Dränkastens und die Frischwasserzufuhr auf. Eine Pumpe, die durch Schwimmerkontakte geschaltet wird, drückt das Wasser in einen ca. 2,50 m über dem Drän liegenden Behälter. Von da aus gelangt das Wasser über einen Verteiler und die Nivaugefäße durch Schwebkörpermesser in den Dränkasten. Mit den 4 Niveaugefäßen läßt sich durch deren Höhenverstellung die erforderliche Wassermenge für jedes Einleitungs-Rohrpaar bzw. für die Einleitung von oben einstellen. Eine Regulierung ist auch durch Schlauchquetschhähne möglich.
Zusatzeinrichtungen zur Versuchsanlage sind eine Rohrschlitzvorrichtung, die aus einer Ständerbohrmaschine mit Winkelgetriebe und Kreissägeblatt aufgebaut ist und eine Vakuumpumpe mit Vorlage zum Entlüften der Piezometer.
Der Dränkasten ist hinten und seitlich von einem Podest umbaut, auf dem der größte Teil des Versuchsbodens gelagert werden kann.

2.5. Versuchsmethodisches

Es sollen noch kurz einige Bemerkungen angeführt werden über Erfahrungen, die bei der Arbeit mit nichtbindigem Boden gemacht wurden.
Eingebaut wurde der Sand bei steigendem Wasserspiegel. Wenn das Rohr in einem Graben verlegt wurde und man aber möglichst homogene Lagerungsdichte wünscht, dann müssen die stehengebliebenen Sandwände bei steigendem Wasserspiegel zum Einsturz gebracht werden. Nachdem der Trog mit Sand und Wasser gefüllt worden ist, wurde das Wasser abgelassen, was eine erhebliche Bodensetzung einleitete. Die sichtbaren Setzungen waren nach einmaligem Trokkenfallen des Sandes abgeklungen. Eine Auswertung bisheriger Versuche ergab, daß sich der Abfluß gegenüber dem bei der ersten Wassergabe gemessenen durchschnittlich um 32% verringerte, wenn eine Bodensetzung durch Wasserablassen ermöglicht wurde. Bei dieser zweiten Wassergabe wurden die eigentlichen, weiter verwendeten Messungen durchgeführt. Durch eine zweite Unterbrechung des Versuches verringerte sich der Ablfuß gegenüber dem Vorherigen um durchschnittlich 9% und bei einer dritten Unterbrechung um weitere 6%.
Die Reproduzierbarkeit der Ergebnisse ist befriedigend. So wurden zwei etwa gleichartige Rohre getrennt untersucht, wobei der Abfluß um 9% differierte. Die Veränderung des Abflusses in der Zeit war bei den verwendeten Boden — Rohr-Kombinationen gering. Zur Einstellung stationärer Verhältnisse wurden meist nicht mehr als 3 bis 4 Stunden benötigt. Stationäre Verhältnisse wurden dann definiert, wenn der Wasserspiegel über längere Zeit konstant blieb, bei sehr gut durchlässigem Sand waren etwa $\pm 0{,}5$ mm pro 60 Minuten zu erreichen.
Die Zeitdauer für einen Versuch betrug 2 bis 3 Tage:

1. Tag — Einbau des Rohres und Bodens, erste Wassergabe, über Nacht entwässern
2. Tag — Durchführung des Versuches, über Nacht entwässern
3. Tag — Primärauswertung der Ergebnisse und Ausgraben des Rohres.

2.6. Beispiel zur Dränabstandsbestimmung

Am folgenden Beispiel sollen besonders die Auswirkungen zweier verschiedener Dränrohre auf die Festlegung des Dränabstandes demonstriert werden.

Gesucht sei der Dränabstand für das Rohr A und das Rohr B in einem stationären System bei völliger Sättigung des Bodens mit Wasser und einer in Dränbeetmitte geforderten Absenkleistung von 15 mm/d. Für die Dränabstände 7 m, 14 m, 21 m, 28 m, 35 m und 42 m wurden im Fall Bodenüberdeckung des Rohres gleich 0,80 m und Tiefenlage der undurchlässigen Schicht unter Gelände von 13,40 m für einen idealen Drän die Stromlinien im elektrolytischen Trog unter Ausnutzung der Symmetrieebenen direkt aufgenommen.

Die Abbildungen 1a, b zeigen einen Teil der Aufnahmen. Im Dränkasten wurden zwei Rohre mit folgenden Parametern und Ergebnissen ausgemessen:

	Einheit	Rohr A	Rohr B
Rohrdurchmesser (außen)	mm	63	78,5
Schlitzlänge	mm	25	25
Schlitzbreite	mm	0,6	1,2
Schlitzzahl pro Reihe und lfd. m		20	20
Schlitzreihenzahl		6	8
Dränabfluß	l/min · m	3,14	7,26

Der verwendete Versuchsboden war ein Mittel- bis Grobsand mit Fließneigung, mit einer Durchlässigkeit von $k_f = 1{,}9 \cdot 10^{-4}$ m/s und einem Ungleichförmigkeitswert $d_{60}/d_{10} = 3$. Es sollte im Dränkasten eine Wasseranströmung erreicht werden, wie sie bei einem geschätzten Dränabstand von 35 m auftritt. Der Vergleich der Stromlinien für diesen Dränabstand mit den aus der Potentialmessung im Dränkasten konstruierten in Abbildung 2 zeigt, daß im unteren Bereich des Rohres die Forderung nicht ganz erfüllt wurde. So nahm die untere Stromröhre etwa 13% des Gesamtabflusses Q_D gegenüber den geforderten 8,3% auf, dafür die nächstfolgenden zwei Stromröhren ca. 12% statt 16,6%. Die Auswirkungen auf den Dränabfluß dürften aber noch in vertretbaren Grenzen liegen.

Nach der Aufteilung der im Dränkasten gemessenen Wassermengen auf die im Elektro-Analogie-Modell ermittelten Stromlinien, läßt sich die Absenkleistung für jedes durch die Stromlinien geteilte Intervall auf der Erdoberfläche errechnen. Die Absenkleistung im jeweils letzten Intervall (näherungsweise in Dränbeetmitte) bei den verschiedenen Dränentfernungen aufgetragen, ergibt für die zwei Rohre die Kurven in Abbildung 4. Daraus läßt sich bei der vorgegebenen Absenkleistung in Dränbeetmitte ein notwendiger Dränabstand von 40,80 m bzw. 26,20 m ablesen. Durch die Verwendung eines leistungsfähigeren Rohres könnte man also 137 m Sauger pro Hektar einsparen.

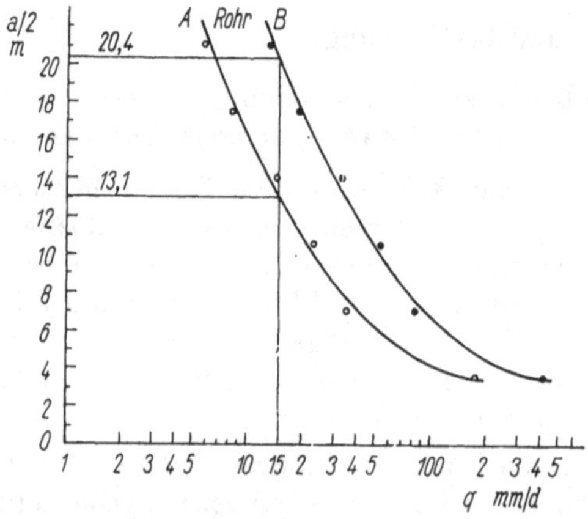

Abb. 4: Beziehung zwischen Dränabstand a und Absenkleistung q in Dränbeetmitte

3. Zusammenfassung

Nach der Feststellung, daß bei den üblichen Berechnungs- und Untersuchungsmethoden für den Dränabstand die Einflüsse des drännahen Raumes und des Dränrohres selbst auf die Aufnahmeleistung zu wenig oder gar nicht berücksichtigt werden, wird ein Vorschlag gebracht für eine Labormethode, bei der diese Einflüsse unter simulierten natürlichen Verhältnissen untersucht werden können. Durch Elektro-Analogie-Untersuchungen, bei denen die geometrischen Randbedingungen berücksichtigt werden, findet man das Strömungsbild in Drännähe, das in einem 2 m^3-Dränkasten durch entsprechende Wassereinleitung nachgebildet wird. Der gemessene Dränabfluß wird auf die Stromröhren aufgeteilt, wodurch man an jeder Stelle des Dränbeetes die Abflußspende ermitteln kann. Die Untersuchungsmethode für den stationären Fall bei völlig wassergesättigtem Grundwasserträger ist genau beschrieben und anhand eines Beispieles erklärt. Der Weg zur Weiterentwicklung des Verfahrens in Richtung der stationären Dränung beim Vorhandensein eines bereits abgesenkten Wasserspiegels und zu einer instationären Dränung ist aufgezeigt.

Резюме

Название работы: Лабораторный метод определения пропускной способности дренажных труб в приближенных к практике условиях и установления расстояния между дренажными трубопроводами

Исходя из обстоятельства, что при обычных методах расчета и исследования, применяемых для определения расстояния между дренажными трубопроводами, слишком мало или совсем не учитываются влияния на их пропускную способность близкого к дренажному трубопроводу места и самой дренажной трубы, предлагается лабораторный метод, позволяющий изучать эти влияния в симулированных естественных условиях. Методом электрических аналогов, учитывающим геометрические краевые условия, устанавливается схема течений поблизости дрен. Данная схема воспроизводится в дренажном ящике в 2 м^3 соответственным вводом воды. Измеренный сток дренажной воды распределяют на трубки тока, что дает возможность установить сток в каждой точке дренажной гряды. На примере подробно описан и изложен метод исследования в стационарных условиях при почти полном водонасыщении водоносного пласта. Показан путь дальнейшего развития этого метода в направлении стационарного дренажа при уже пониженном уровне воды и в направлении нестационарного дренажа.

Summary

Title of the paper: Laboratory method for the determination of the efficiency of drain pipes under quasi-field conditions as well as for estimating the spacing of drains

In the conventional calculation and investigation methods for determining the spacing of drains, the influences of the drain-near space and the drain pipe itself on the drainage efficiency are not taken into account. Therefore, a proposal is submitted on a laboratory method by which these influences can be studied under simulated natural conditions. By means of electrical analogue investigations in which the geometrical marginal conditions are considered, the flow pattern in the proximity of the drain is estimated. This flow pattern is reproduced in a drainage case of 2 cubic meters into which a corresponding quantity of water is introduced. The drainage rate measured is distributed onto the flow pipes thus allowing the total drainage to be measured at any section of the drainage bed. The investigation method for the stationary case with a fully saturated ground-water carrier is described in detail and explained by means of an example. The way of perfecting this method in the direction of the stationary drainage in the presence of a drawn-down ground-water level is pointed out.

Literatur

[1] Eylers, H.: Neue Bemessungsverfahren für den Dränentwurf und ihre Überprüfung im Feldversuch (Dränversuch Infeld); Mitt. d. Inst. f. Wasserwirtschaft und landwirtschaftlichen Wasserbau der Techn. Univ. Hannover 1968 S. 1 bis 303

[2] Feichtinger, F.: Die Wasseraufnahmefähigkeit der Dränrohre. Mitt. Nr. 19 d. Bundesversuchsinst. f. Kulturtechn. und techn. Bodenkunde Petzenkirchen; Österreichische Wasserwirtschaft 18 (1966) H. 11/12, Sonderabdruck

[3] Hilliger, D.: Elektrolytischer Trog — Aufbau des Gerätes einschließlich methodischer Grundlagenarbeiten für das Fachgebiet Dränung. Dipl. Arb., Landw. Fak. d. Univ. Rostock 1967

[4] Kisperth, V.: Ein Beitrag zur Dränabstandsbestimmung. Diss., Univ. Rostock 1969

[5] Müller, G.: Beitrag zur zweckmäßigen Ermittlung des Dränabstandes in Mineralböden. Diss., TU Dresden 1966

[6] Muraschko, A.: Plastmassovi drenaž. Minsk 1969

[7] Parthe, H.: Untersuchungen über die Versandungs- und Verschlammungserscheinungen an Tonrohrdränagen und über die Möglichkeiten der Verminderung und Beseitigung der Versandungen bzw. Verschlammungen. Dipl. Arb., Landw. Fak. d. Univ. Rostock 1967
[8] Wertz, G.: Ein Beitrag zur Bemessung von Dränanlagen unter besonderer Berücksichtigung der Erhaltung und Steigerung der Funktionstüchtigkeit. Habil. Arb., Univ. Rostock 1967
[9] Wesseling, J., Homma, F.: Entrance resistance of plastic drain tubes. Netherlands Journal of Agricultural Science 15 (1967) H. 3, S. 170–182
[10] Widmoser, P.: Potentialströmung zu geschlitzten Rohren. Schweizerische Bauzeitung 84 (1966) H. 52, S. 913–919
[11] Widmoser, P.: Der Einfluß von Zonen geänderter Durchlässigkeit im Bereich von Drain- und Brunnenfilterrohren. Schweizerische Bauzeitung 86 (1968) H. 9, Veröff. Nr. 17 d. Inst. f. Kulturtechn. ETH Zürich.

Anschrift des Verfassers:
Dr. D. Dieter Hilliger
2711 Friedrichsmoor
üb. Schwerin

Z. Landeskultur Bd. 11 · 1970 · H. 5 · S. 375–386 · Berlin

Aus der Sektion Pflanzenproduktion mit Bewässerung der Humboldt-Universität zu Berlin – Bereich Acker- und Pflanzenbau –

GISBERT SCHALITZ

Einige spezielle Probleme des Standortes und der Vegetation der Oderpolder bei Schwedt

Eingegangen am 24. 2. 70

Das Gebiet der Oderpolder nimmt die Flächen der Oderniederung im nördlichen Teil des Bezirkes Frankfurt/Oder ein. Die Oder floß hier früher in einer Vielzahl von Flußarmen durch ein 3 bis 4 km breites Tal. Die als Grünland genutzten Flächen waren zum großen Teil versumpft und wurden während des Jahres mehrfach überstaut.
In den Jahren 1892 bis 1896 baggerte man einen Flußarm am östlichen Talrand zum neuen Flußbett der Oder aus. Das gesamte davon westlich gelegene Gebiet erhielt einen Hochwasserschutz in Form flacher Sommerdeiche, die Überflutungen während der Vegetationsperiode verhindern bzw. stark einschränken sollten. Die Eindeichung wurde etappenweise so durchgeführt, daß im wesentlichen die drei großen Polder A, B und 10 westlich der Oder entstanden. Die Gesamtfläche dieser Polder beträgt ca. 4000 ha, wovon unser spezielles Untersuchungsgebiet die Polder A und B mit 2506 ha LN und 441 ha Wasserfläche umfaßt. Schon in den ersten Jahren nach der Einpolderung zeigte sich, daß das Kehrvermögen der Sommerdeiche nicht ausreicht, um das Poldergrünland bei extrem hohen Wasserständen sicher zu schützen. Es muß durchschnittlich im achtjährigen Turnus mit Sommerüberflutungen gerechnet werden. Bei Überflutungen ist nach dem Absinken des Wasserspiegels der Oder ein Einsatz der Schöpfwerke zum Leerpumpen der Polder notwendig, da die Polderflächen nur 0,4 bis 2,2 m über NN liegen und der Mittelwasserstand der Oder am Pegel Stützkow aber 1,24 m über NN beträgt.

1. Spezielle Standortprobleme

Für den Perspektivplanzeitraum 1972/74 ist eine Rekonstruktion der Sommerdeiche auf ein Kehrvermögen von 1800 m^3/s vorgesehen. Das damit verbundene Unterbleiben der Sommerüberschwemmungen und die zeitliche Reduzierung der Winterüberflutung auf den Zeitraum Dezember bis März dürfte eine wesentliche Veränderung der den Pflanzenbestand beeinflussenden Faktoren mit sich bringen. Die Neuetablierung leistungsfähiger Pflanzenbestände wird damit großflächig möglich und notwendig.
Als vordringliche Aufgabe im Hinblick auf diese Maßnahme und als Voraussetzung für ihren Erfolg muß die Verbesserung der Nährstoffversorgung des Bodens gesehen werden.

Erhebungen von WZIONTEK (1967) zeigten, daß 58% der Flächen der Polder A, B und 10 bislang nicht mit P und K gedüngt wurden.
Stickstoff wird zwar auf 88% aller Flächen verabreicht, doch liegen die Gaben im Durchschnitt nur bei 50 kg/ha N. Diese ungenügende Nährstoffzuführung durch die Düngung hat in den Jahren seit der Einpolderung zu einer weitgehenden Nährstoffverarmung des Bodens geführt.
GELLRICH (1967) gliederte die bei der systematischen Bodenuntersuchung der Jahre 1964/66 in den Poldern A und B ermittelten Werte wie folgt in die Versorgungsklassen ein (Tabelle 1):

Tabelle 1
Nährstoffversorgung der Polder A und B (1964/66) Anzahl der Bodenproben und Zuordnung in Versorgungsklassen

	Bodentiefe 0 bis 10 cm				10 bis 20 cm			
	Gesamt	I	II	III	Gesamt	I	II	III
Ca-Versorg.	2442	201	607	1634	2438	287	945	1206
rel.	100	8,3	24,9	66,8	100	11,8	38,8	49,4
P-Versorg.	2442	129	1150	1163	2438	62	717	1659
rel.	100	5,3	47,0	47,7	100	2,5	29,4	68,1
K-Versorg.	2442	31	43	2368	2438	10	28	2400
rel.	100	1,2	1,8	97,0	100	0,4	1,1	98,5
Mg-Versorg.	2442	1949	350	143	2438	1947	344	147
rel.	100	79,7	14,4	5,9	100	80,0	14,0	6,0

Diese Zahlen machen deutlich, daß die Düngung mit Ca und P besonders notwendig ist. Diese Düngung muß als Meliorationsmaßnahme angesehen werden. Eine zu starke Kaligabe (über 100 kg/ha K) erscheint jedoch nicht ratsam, da der Boden eine sehr hohe Fixierungskapazität besitzt und deshalb vorwiegend auf Deckung des Entzuges orientiert werden sollte.
Die Winterüberflutung führt zwar weiterhin zur Ablagerung gewisser Mengen nährstoffreichen Schlicks, dessen Wirkung wird aber meist weit überschätzt. Von einer düngenden Überschickung kann seit der Einpolderung des Gebietes kaum noch gesprochen werden. In den zurückliegenden Untersuchungsjahren zeigte sich immer wieder, daß der Schlick äußerst ungleichmäßig verteilt zurückbleibt. Auf höheren und etwas geneigten Flächen sind stets nur geringe Schlickenmengen festzustellen, während in den Senken meist stärkere Ablagerungen anfallen. Im Frühjahr 1966 wurden zur Klärung dieser Frage einige Schlickproben entnommen und auf ihren Nährstoffgehalt untersucht[1] (Tabelle 2).
Trotz dieser günstigen Gehaltswerte des Schlicks muß davon ausgegangen werden, daß eine solche Überschlickung von durchschnittlich 2 mm Auflage keine nennenswerte Nährstoffzufuhr bedeutet und keinesfalls die Mineraldüngung ersetzt. Die gefundene Nährstoffverarmung im Boden (Tabelle 1) ist mit das Ergebnis der überschätzten düngenden Wirkung des Schlickes.

[1] Dem Institut für Bodenkunde der DAW in Eberswalde sei für die schnelle Durchführung der Untersuchungen ein besonderer Dank ausgesprochen.

Tabelle 2
Nährstoffgehalt von Schlickproben (1966)

Proben-entnahme	pH	C %	% Humus	K (mg/100 g Boden) nach-liefer-bar	K (mg/100 g Boden) aus-tausch-bar	P laktatlöslich (mg/100 g Boden)	K laktatlöslich (mg/100 g Boden)	P gebunden (mg/100 g Boden) anorg.	P gebunden (mg/100 g Boden) organ.	% $CaCo_3$
An der Oder	7,3	4,40	7,59	91,20	17,01	10,46	22,90	7,84	1,22	nicht untersucht
Mitte Polder	7,1	16,25	28,02	98,82	20,75	8,45	48,45	19,88	5,93	nicht untersucht
Am Winterdeich	7,2	10,41	18,17	195,73	52,79	13,08	30,87	11,68	6,10	2,69
	Chinhydronelektrode	nach Wösthoff		Methode im Institut für Bodenkunde Eberswalde erarbeitet		nach Egner-Riehm		nach Metha		nach Scheibler

2. Die Vegetationseinheiten im Untersuchungsgebiet

In den Jahren 1965 bis 1968 wurden im Untersuchungsgebiet der Polder A und B etwa 100 soziologische Bestandsaufnahmen überwiegend von BEESE (1966) sowie vom Verfasser durchgeführt. Zur Anwendung kam die Methode der Ertragsanteilschätzung nach KLAPP/STÄHLIN (1936). Für die Aufnahmen wählten wir nur Areale in größeren, weitgehend einheitlichen Pflanzenbeständen aus.
Die Benennung der Assoziationen erfolgte nach PASSARGE (1964), die der Arten nach ROTHMALER (1952). Die Analyse der Aufnahmen und ihre Auswertung über den tabellarischen Vergleich ließ uns im wesentlichen zur nachstehenden Vegetationsgliederung kommen (Tabelle 3).

Tabelle 3
Vegetationsgliederung landwirtschaftlich genutzter Grünlandflächen (Polder A und B)

1. Alopecuretum pratensis (REGEL 25)
1.1. *Leontodon autumnale*-Subassoziation
1.1.1. *Festuca pratensis* — Ausbildungsform
1.1.2. *Leontodon autumnale* — Ausbildungsform
1.1.3. *Phalaris arundinacea* — Ausbildungsform

1.2. *Alopecurus geniculatus* — *Agrostis stolonifera* — Subassoziation
1.2.1. *Alopecurus geniculatus* — *Agrostic stolonifera* — Ausbildungsform
1.2.2. *Phalaris arundinacea* — Ausbildungsform

2. Phalaridetum arundinacea (LIBB 31)
2.1. *Phalaris arundinacea* — Ausbildungsform
2.2. *Carex* — Ausbildungsform

3. Glycerietum maximae (HUECK 31)

Die Unterteilung in Untergesellschaften wurde nur beim Alopecuretum pratensis vorgenommen. Die Stetigkeitstabelle ist dem Anhang zu entnehmen. Die weitere Aufgliederung erfolgte in Ausbildungsformen nach ELLENBERG (1952). Für deren Benennung sind landwirtschaftlich bedeutsame Arten herangezogen worden.

3. Die Vegetationseinheiten und ihre Beziehungen zu Standortfaktoren

Mit ca. 1600 ha nimmt die Fuchsschwanz-Überschwemmungswiese (1.) den größten Teil der Polder A und B ein. Auf weniger grundwasserbeeinflußten Lagen findet sich die Herbstlöwenzahn-Untergesellschaft (1.1.) auf feuchteren Flächen die Knickfuchsschwanz-Flechtsstraußgras-Untergesellschaft (1.2.).
Die einzelnen Ausbildungsformen sollen im folgenden hinsichtlich ihrer botanischen Kennzeichnung, ihrer Boden- und Wasserverhältnisse sowie der Grünmasseerträge kurz angesprochen sein.

Die *Festuca pratensis* — Ausbildungsform (1.1.1.)

Sie wird botanisch gekennzeichnet durch das Vorkommen von Arten wie *Bromus, inermis, Chrysanthemum leucanthemum, Trifolium pratensis, Medicago lupulina, Bellis perennis* und *Festuca pratensis*, die in den anderen Formationen fehlen. Die Ertragsanteile von *Festuca pratensis* betragen bis zu 50%. Für die Ausbilung dieser Form dürfte die Höhenlage von 1,1 bis 2,2 m über NN maßgebend sein. Die Flächen liegen somit nur teilweise unter dem Mittelwasserstand der Oder (1,24 m über NN am Pegel Stützkow). Dadurch ist die kürzeste Überflutungszeit sowohl bei Winter- als auch Sommerüberflutungen gegeben. Der mittlere Sommergrundwasserstand (Juni, Juli, August — Mittel aus wöchentlicher Ablesung) bleibt auf diesen Standorten unter 1 m. Trotz relativ ungünstiger Wasserversorgung in den Sommermonaten kann sich *Festuca pratensis* hier behaupten. Die für die Bestände errechneten Feuchtezahlen (Ellenberg, 1952) schwanken von 3,3 bis 3,4.

Die Nährstoffversorgung der Böden entspricht etwa den Verhältnissen in der eingangs angeführten Übersicht (Tabelle 1). Im Bodenprofil weisen die Standorte oft stärkere eingelagerte Sandschichten auf. Die pH-Reaktionszahl nach Ellenberg (1952) beträgt für diese Bestände O, während die Aufnahmen der folgenden Ausbildungsformen stets Werte zwischen 3,4 und 4,1 aufweisen. Das scheint zu der überwiegend schlechten Ca-Versorgung (Tabelle 1) im Widerspruch zu stehen. Die Erklärung kann darin gesehen werden, daß ein gewisser Einfluß der Schlickablagerung (pH 7,1 bis 7,3) auf die Keimung von Samen im Frühjahr besteht. Die Flächen dieser Ausbildungsform werden aber nur von einer äußerst geringen Schlickablagerung überzogen, da das Wasser hier schon relativ früh abfließt. Ein derartiger Einfluß des Schlicks scheidet hier also aus.

Die Erträge der Ausbildungsform betragen unter Zugrundelegung des unter 1. angeführten Düngungsniveaus 85 bis 290 dt/ha Grünmasse. Die großen Ertragsschwankungen beruhen auf der unterschiedlichen Grundwasserbeeinflussung. Ein Teil der Flächen weist keinen Grundwassereinfluß auf, so daß der 2. Schnitt in Trockenjahren völlig versagt.

Die typische Ausbildungsform (1.1.2.)

In der typischen Ausbildungsform der Herbstlöwenzahn-Untergesellschaft ist *Alopecurus pratensis* anteilmäßig mit 10 bis 50% vertreten. Weitere Hauptbestandsbildner sind *Agropyron repens, Poa trivialis* und *Poa pratensis, Inula salicina* und *Carex vulpina* treten stärker in Erscheinung. Ausgeprägt ist der Aspektwechsel vom 1. zum 2. Schnitt. Neben einem Ansteigen des Leguminosenanteils (*Vicia cracca*) nehmen die *Senecio*-Arten und besonders *Leontodon autumnale* zu. Mit der stärkeren Zunahme der Kräuterfraktion geht besonders eine Minderung des Zuwachses auf Weiden in den Sommermonaten einher, so daß diese Verschiebung ungünstig bewertet werden muß. Bei Lagen über NN von 0,8 bis 1,1 m liegen die mittleren Sommergrundwasserstände im Bereich von 70 bis 100 cm. Die Feuchtezahlen der Bestände schwanken von 3,4 bis 3,7.

Als Bodenart herrscht Ton vor, wobei im Unterboden schwache Sandschichten und zum Teil Raseneisensteinbildungen auftreten. Innerhalb der typischen Ausbildungsform der *Leontodon autumnale* — Untergesellschaft wurden drei Varianten gefunden. Auf Standorten mit relativ günstiger K-Versorgung (2,5 bis 15,8 m K/100 g Boden) konnte eine *Alopecurus pratensis*-Variante beobachtet werden. Alle übrigen Standortfaktoren ließen keine Abweichung von den Normalwerten der Gesellschaft erkennen. Bei Vorhandensein einer Krume aus humosem Lehm traten *Trifolium hybridum* und *Vicia cracca*-Varianten in Erscheinung. Die Nährstoffversorgung deutet hier keine Abweichungen an.
Auf Flächen günstiger Nährstoffversorgung auf denen auch die Düngergabe von 100 kg N/ha und Jahr überschritten wurde, setzte eine Ausbreitung von *Agropyron repens* ein. Eine Mineraldüngung mit mehr als 100 kg/ha N dürfte bei den vorhandenen Beständen unter Überflutungsbedingungen — zumindest im Bereich der Herbstlöwenzahn-Untergesellschaften — nach einiger Zeit zu stärkerer Verqueckung führen. Allerdings muß *Agropyron repens* derzeit zu den leistungsfähigen Pflanzen der trockneren Standorte im Polder gerechnet werden.
Die Erträge der beschriebenen Ausbildungsform können mit 200 bis 300 dt/ha Grünmasse angegeben werden. Durch Verbesserung der Nährstoffversorgung, besonders durch stärkere N-Düngung ließen sich diese Erträge noch wesentlich erhöhen.

Die *Phalaris arundinacea*-Ausbildungsform (1.1.3.)

Diese Form tritt vorzugsweise auf den höher gelegenen Flächen an der Oder und an der Hohensaaten-Friedrichsthaler Wasserstraße auf.
Charakteristisch ist ein inselartiges Auftreten des Rohrglanzgrases, das 5 bis 10% Ertragsanteile ausmacht. Der Grundwasserstand liegt etwa im gleichen Bereich wie bei der vorher besprochenen Ausbildungsform, jedoch treten ständig Schwankungen auf. Die Feuchtezahlen der Bestände liegen im Bereich von 3,6 bis 3,7. Es konnte eine *Inula salicina*-Variante abgegrenzt werden, die Standorte mit besserer P-Versorgung zu bevorzugen scheint. Die Grünmasseerträge der Ausbildungsform belaufen sich auf 205 bis 305 dt/ha.

Auf den stärker grundwasserbeeinflußten Lagen (0,75 bis 0,35 m unter Mittelwasserstand der Oder am Pegel Stützkow bzw. 0,5 bis 0,9 m über NN) ist die *Alopecurus geniculatus-Agrostis stolonifera*-Subassoziation (1.2.) zu finden. Bei erheblichen Anteilen von *Agrostis stolonifera* haben *Alopecurus geniculatus*, *Galium palustre* und *Lysimachia nummularia* eine hohe Stetigkeit (s. Anhangstabelle). Die Arten *Leontoden autumnale*, *Viccia cracca*, *Trifolium hybridum*, *Allium angulosum*, *Inula salicina*, *Equisetum arvense* usw. treten hier nicht mehr auf.

Die typische Ausbildungsform (1.2.1.)

In dieser Ausformung nimmt *Agrostis stolonifera* in der Hauptvegetationszeit bis 30% Ertragsanteile ein. *Alopecurus geniculatus* ist im 1. Aufwuchs zunächst stärker vertreten, tritt aber im Sommer zurück.

Die im Spätsommer durch *Agrostis stolonifera* eintretende Narbenverfilzung führt zur Beeinträchtigung der Futteraufnahme durch die Weidetiere. Während der Sommermonate konnte ein Schwankungsbereich des Grundwasserstandes von 40 bis 85 cm festgestellt werden. Die Feuchtezahlen liegen im Bereich 3,8 bis 3,9, was auf deutliche Grundwasserbeeinflussung des Pflanzenbestandes hinweist. Der Boden besteht überwiegend aus tonigem Schlick, der meist schlecht mit Nährstoffen versorgt ist.
Vermag man zwar durch stärkere Düngung das Ertragsniveau allgemein zu verbessern, so gilt dies unter den angegebenen Standortbedingungen kaum für die Qualität der Bestände. Auf einem Düngungsversuch wurden im vierten Versuchsjahr Ertragsanteilschätzungen durchgeführt (Schalitz, 1967), die diese Fest stellung unterstreichen (Tabelle 4).

4. Beeinflussung der Futterqualität durch Düngung auf Poldergrünland

(*Alopecurus geniculatus-Agrostis stolonifera* Subassoziation des *Alopecuretum pratensis* — Typische Ausbildungsform)

Tabelle 4

Düngung	Bestandeswertzahl nach Klapp (1954) (Mittel aus 4 Wiederholungen)
1. ungedüngt	5,20
2. P	5,13
3. K	5,28
4. PK	5,29
5. N	5,09
6. NPK	5,05

Tabelle 4 zeigt, daß die Verschiebung der Bestandeswertzahlen gering bleibt. Der Rückgang der Futterqualität bei N und NPK-Düngung beruht auf der Zunahme von *Phalaris arundinacea*, das auf diesen Standorten durch Düngung aber nicht bestandsbildend werden kann. Die ungünstige Bewertung der Futterqualität von *Phalaris* wird in Mischbeständen für gerechtfertigt erachtet, weil das Gras zum Nutzungszeitpunkt der übrigen Partner längst überständig ist. In Reinbeständen sollte es aber höher eingestuft werden, da es bei rechtzeitiger Nutzung eine gute Futterqualität aufweist.
Gegenwärtig können auf den Flächen dieser Ausbildungsform 200 bis 300 dt/ha Grünmasse geerntet werden.

Die *Phalaris arundinacea* — Ausbildungsform (1.2.2.)

Diese Form bildet den Übergang zum echten Phalaridetum. Bei geringen Anteilen von *Alopecurus pratensis* beträgt der Anteil von *Phalaris arundinacea* 14—48%. Feuchtezeiger, so *Carex gracilis*, *Stellaria palustre*, *Lythrum solicaria* und *Glyceria maxima* treten stärker in Erscheinung.

Der mittlere Sommergrundwasserstand dieser Untersuchungsflächen lag bei 45 cm. Die Grünmasseerträge können mit 210 bis 310 dt/ha angesetzt werden. Für die gesamte Fuchsschwanz-Überschwemmungswiese wurde das Ertragspotential nach WEISE (bei HUNDT 1965) im Jahr 1966 mit 302,5 dt/ha Grünmasse ermittelt.

Nähere Ausführungen zum Phalaridetum arundinacea (2.) sollen hier unterbleiben, da es in der Literatur schon öfters, so u. a. von WEBER (1928), PETERSEN (1961), PASSARGE (1964) beschrieben wurde.
Diese Flächen nehmen ca. 800 ha ein und liegen durchweg nur 0,4 bis 0,5 m über NN. Durch Druckwasser der höher fließenden Oder treten zum Teil auch im Sommer kurzzeitige Überstauungen auf. Eine *Phalaris arundinacea*-Ausbildungsform (2.1.) und eine *Carex*-Ausbildungsform (2.2) sind zu unterscheiden. Auffällig ist der niedrige pH-Schwankungsbereich (4,1 bis 4,8) der zu Staunässe neigenden Flächen der Seggenform. Die feuchten Standorte des Phalaridetum wurden bei der Düngung bisher völlig vernachlässigt. Es werden Erträge von 310 bis 375 dt/ha Grünmasse meist schlechter Qualität erzielt.

Das Glycerietum maximae (3.) bleibt mit einem Gesamtanteil von etwa 100 ha auf die Uferrehnen und Grabenränder beschränkt. Bevorzugt werden Böden mit dünner Schlickschicht über stärkerer Torfablage. Die schwachen Schlickdecken bis 40 cm zeigen meist große P-Verarmung, was bei stärkeren Schichten nicht so augenfällig wird. Die Erträge können 365 bis 390 dt/ha Grünmasse erreichen.

Eine genaue flächenmäßige Ermittlung der Anteile der einzelnen Pflanzengesellschaften kann nur über eine systematische Grünlandkartierung erfolgen. Im Rahmen unserer Arbeit wurde der annähernde Umfang durch eine Schätzung festgelegt (Tabelle 5).

Tabelle 5
Flächenanteile der einzelnen Pflanzengesellschaften in den Poldern A und B

Alopecuretum pratensis	1600 ha
davon *Leontodon autumnale*-Subassoziation	800 ha
davon *Alopecurus geniculatus-Agrostis stolonifera*-Subassoziation	800 ha
Phalaridetum arundinacea	800 ha
Glycerietum maximae	100 ha

Zusammenfassung

Im Hinblick auf die komplexe Melioration des Grünlandes an der unteren Oder bei Schwedt wurden Grundlagenerhebungen zu Standort und Vegetation angestellt.

Die weitgehende Nährstoffverarmung der Böden ist mit durch das Unterlassen einer ausreichenden Düngung begründet. Schlickablagerungen brachten keine nennenswerte Nährstoffzufuhr.

Das Gepräge der Vegetation wird eindeutig von den Überflutungsverhältnissen bestimmt.
Vorherrschende Pflanzengesellschaften sind Alopecuretum pratensis, Phalaridetum arundinacea und Glycerietum maximae.
Es werden spezielle Ausbildungsformen unterschieden. Auf die Beziehungen zwischen den Standortfaktoren und der Ausbildungsform wird eingegangen.
Neben Angaben zu Ertragsverhältnissen wird die flächenmäßige Verteilung der Pflanzengesellschaften angeführt.

Резюме

Название работы: Некоторые специальные проблемы местопроизрастания и вегетации в обвалованной низменности реки Одер около Шведта.
В связи с комплексной мелиорацией лугов и пастбищ в районе нижнего течения реки Одер около Шведта проводились исследования местопроизрастания и вегетации.
Значительное обеднение почв питательными веществами обусловлено также недостаточным внесением удобрений. Отложения ила не привели к заметному обогащению почв питательными веществами.
Характер вегетации однозначно определяется условиями затопления. Преобладающими растительными сообществами являются Alupecuretum pratensis, Phalaridetum arundinacea и Glycerietum maximae.
Различаются специальные формы. Рассматриваются связи между факторами местопроизрастания и формой.
Наряду с данными об урожаях сообщается о пространственном распределении растительных сообществ.

Summary

Title of the paper: Some special problems related with location and vegetation of the Oder polders near Schwedt
In view of complex land improvement measures of the grassland of the lower Oder valley near Schwedt, conditions of site and vegetation were surveyed. The general nutrient depletion of the soils has been caused by the lack of adequate fertilization. Mud deposits did not add notably to a better nutrient status.
The type of vegetation is clearly characterized by conditions following inundation. Predominant plant communities are formed by *Alopecuretum pratensis*, *Phalaridetum arundinacea*, and *Glycerietum maximea*.
Specific formations are distinguished. Reference is made to the relationships between site factors and formation.
Apart from data on yield conditions, the area distribution of the plant communities is mentioned.

Literatur

Beese, G.: Untersuchung der Pflanzenbestände und des Ertragsvermögens einiger Polderstandorte. Dipl.-Arb., Inst. für Acker- und Pflanzenbau der Humboldt-Universität zu Berlin 1966

ELLENBERG, H.: Wiesen und Weiden und ihre standörtliche Bewertung. Eugen Ulmer Verlag, Stuttgart 1952

GELLRICH, J.: Die Auswertung der chemischen Untersuchungen des Polders A und B und Vorschläge zur Steigerung der Bodenfruchtbarkeit und Erhöhung der Grünlanderträge dieser Flächen. Dipl.-Arb., Inst. für Bodenkunde und Pflanzenernährung der Humbold-Universität zu Berlin 1967

HUNDT, R.: Ein vegetationskundliches Verfahren zur Ermittlung des Ertragspotentials im Grünland. Zeitschrift für Landeskultur, Bd. VI, (1965), S. 61–85

KLAPP, E.; STÄHLIN, A.: Standorte, Pflanzengesellschaften und Leistung des Grünlandes. Eugen Ulmer Verlag Stuttgart 1936

KLAPP, E.: Wiesen und Weiden. Paul Parey Berlin und Hamburg 2. Aufl. 1954

PASSARGE, H.: Die Pflanzengesellschaften des nordostdeutschen Flachlandes. Pflanzensoziologie, Bd. 13, Jena 1964

PETERSEN, A.: Das kleine Gräserbuch. Akademieverlag Berlin 1961

ROTHMALER, W.: Exkursionsflora. Volk und Wissen, Volkseigner Verlag Berlin 1952

SCHALITZ, G.: Untersuchung der Pflanzenbestände des Poldergrünlandes in Beziehung zu Boden- und Wasserverhältnissen. Dipl.-Arbeit, Inst. für Acker- und Pflanzenbau der Humboldt-Universität zu Berlin 1967

WEBER, C. A.: Das Rohrglanzgras und die Rohrglanzwiesen nebst anderen Wiesenarten des nassen und zeitweilig überfluteten Bodens. Berlin, Paul Parey 1928

WZIONTEK, K.: Erträge und Leistungen des Grünlandes in Abhängigkeit von der Nutzung dargestellt an den Olderpoldern bei Schwedt. Dipl.-Arbeit, Inst. für Acker- und Pflanzenbau der Humboldt-Universität zu Berlin 1967

Anschrift des Verfassers:
Dr. G. SCHALITZ, Sektion Pflanzenproduktion mit Bewässerung,
104 Berlin, Invalidenstraße 42

ANHANG

Stetigkeitstabelle *Alopecuretum pratensis*

	Leontodon autumnale — Subassoziation	Alopecurus geniculatus — Agrostis stolonifera — Subassoziation
Zahl der Aufnahmen	22	15
Art		
Alopecurus pratensis	5	5
*Poa trivialis et palustris**	5	5
Agrostis stolonifera	5	5
Poa pratensis	5	2
Agropyron repens	5	2
Leontodon autumnale	5	
Polygonum amphibium	4	5
Rumex crispus	4	3
Rumex acetosa	4	1
Cardamine pratensis	4	5
Potentilla reptans	4	1
Alopecurus geniculatus	3	5
Lysimachia nummularia	3	5
Senecio jacobaea	3	3
Symphytum officinale	3	3
Plantago major	3	2
Achillea ptarmica	3	3
Deschampsia caespitosa	3	
Taraxacum officinale	3	2
Phalaris arundinacea	3	5
Carex vulpina	3	3
Senecio aquatica	3	1
Vicia cracca	3	
Ranunculus auricomus	2	2
Potentilla anserina	2	2
Veronica longifolia	2	2
Vicia tetrasperma	2	3
Rorippa sylvestris	2	2
Plantago media	1	0
Glechoma hederacea	1	3
Lychnis flos-cuculi	1	1
Trifolium repens	1	1
Lathyrus pratensis	1	1
Mentha aquatica	1	3
Trifolium hybrium	1	
Inula salicina	1	
Festuca pratensis	1	
Equisetum arvense	1	
Bromus inermis	1	
Thalictrum flavum	0	1
Daucus carota	0	1
Chrysanthemum leucanthemum	0	
Bromus hordeaceus	0	
Bellis perennis	0	

Stetigkeitstabelle (Fortsetzung)

	Leontodon autumnale — Subassoziation	Alopecurus geniculatus — Agrostis stolonifera — Subassoziation
Zahl der Aufnahmen	22	15
Allium angulosum	0	
Trifolium pratensis	0	
Carex praecox	0	
Medicago lupulina	0	
Barbarea stricta	0	
Sedum acre	0	
Lolium perenne	0	
Stellaria media	0	
Cirsium arvense	0	
Cirsium oleraceum	0	
Lathyrus montanus	0	
Galium palustre		4
Iris pseudacorus		2
Carex gracilis		3
Glyceria maxima		3
Caltha palustris		1
Stellaria palustris		2
Rorippa amphibia		1
Lythrum salicaria		2
Sium latifolium		1
Equisetum palustris		0
Glyceria fluitans		0
Equisetum fluviatile		0
Veronica scutellata		0
Taraxacum paludosum		0
Oenanthe aquatica		0
Gentiana pneumonanthe		0
Eleocharis palustris		0

* Die Arten *Poa palustris* und *Poa trivialis* wurden zusammengefaßt, da eine Abgrenzung nicht in jedem Falle möglich war.

Stetigkeitsklassen: 0 = zufälliges Vorkommen (meist) unter 1%
1 = bis 20%
2 = 21 bis 40%
3 = 41 bis 60%
4 = 61 bis 80%
5 = 81 bis 100%

Z. Landeskultur · Bd. 11 · 1970 · H. 5 · S. 387–399 · Berlin

Aus dem ehemaligen Institut für Meliorationswesen und Grünland
der Friedrich-Schiller-Universität Jena

PAUL WEDEKIND und KLAUS SCHWARZ

Ertrag, Stickstoffaufnahme und Wasserverbrauch von *Lolium multiflorum* bei Anwendung verschiedener Gülleformen und unterschiedlicher Feuchteversorgung

Eingegangen: 15. 2. 1970

Beim gegenwärtigen Stand der Forschung auf dem Gebiet der Gülledüngung sind Untersuchungen zur düngerwirtschaftlichen Bewertung der Güllenährstoffe, insbesondere des Stickstoffs, von besonderer Bedeutung. Der im allgemeinen hohe Löslichkeitsgrad der Güllenährstoffe im Vergleich zum Stallmist bedarf besonderer Beachtung, um unter Berücksichtigung pflanzenphysiologischer Beziehungen sowie der acker- und pflanzenbaulichen und technologischen Faktoren durch richtige Wahl der Nährstoffkonzentration, der Gabenhöhe und des Anwendungszeitpunktes hohe und sichere Erträge in guter Qualität zu erzielen.

Ein effektiver Einsatz von Gülle in der Pflanzenproduktion wird vielfach dadurch erschwert,daß unsere Kenntnisse über deren Anfall und Zusammensetzung noch unzureichend sind. Nach jüngsten Erhebungen von HENZE (1967), MÜLLER und MOTT (1967) sowie LEHMANN und Mitarbeiter (1967) und WEDEKIND (1969) werden Anfall und Nährstoffgehalt der Gülle von zahlreichen Faktoren beeinflußt. Neben der Tierart, Fütterung und Haltungsform sind es vor allem die verschiedenen Verfahren zur Gewinnung, Aufbereitung, Lagerung und Ausbringung der Gülle, von denen es abhängt, welchen Substanz- und Nährstoffgehalt die Gülle im Moment der Ausbringung tatsächlich besitzt. Aus Kot, Harn, Wasser und mitunter auch Futterresten und Einstreu entsteht der als Gülle bezeichnete organische Flüssigdünger, dessen Komponenten sich sowohl durch einen unterschiedlichen Dispersitätsgrad als auch durch eine verschiedene Konzentration und Löslichkeit der Nährstoffe auszeichnen.

Zerteilungsgrad und Dichte der in der Gülle vorhandenen Feststoffpartikel sowie die Viskosität der Gülle haben maßgeblichen Einfluß auf die Intensität der Entmischung und Horizontierung während der Lagerung in Kanälen und Behältern. Dabei können Schwimmdecken, Flüssigkeits- und Sinkschichten von unterschiedlicher Mächtigkeit und Konsistenz entstehen. Wenn auch aus Gründen einer störungsfreien Ausbringung und gleichmäßigen Verteilung der Güllenährstoffe auf dem Feld in der Regel eine Homogenisierung der Gülle vor deren Entnahme aus dem Lagerbehälter angestrebt wird, gelingt diese, wie die Ergebnisse erster Untersuchungen zeigen (WEDEKIND, 1969), mit den hierfür in der Praxis bisher eingesetzten Homogenisierungseinrichtungen nur bedingt. Daraus

resultiert die Tatsache, daß bei der Entnahme von nicht oder nur unvollkommen homogenisierter Gülle in Abhängigkeit von der Entnahmetiefe ein sich fortlaufend änderndes Kot-Harngemisch zum Einsatz gelangt.
Von kotähnlichen Gemischen aus dem Bereich der Schwimmdecke oder Sinkschicht sind jedoch andere Düngungseffekte zu erwarten, als von harnähnlichem Material aus der Flüssigkeitszone. Aus dieser Sicht gewinnen Untersuchungen zur Ertragswirksamkeit und Ausnutzung des Stickstoffs verschiedener Formen von Rindergülle mit unterschiedlichem Kot-Harnanteil im Vergleich zu Stallmist und Mineraldüngung besonderes Interesse.

1. Material und Methode

Die in den Jahren 1964 und 1965 angelegten Versuche kamen in MITSCHERLICH-Gefäßen mit einem Fassungsvermögen für 6 kg Sand zur Durchführung. Als Substrate dienten N-freier Quarzsand sowie Gemische aus Sand und Löß bzw. Wofatit CP (H-Form). Die Grunddüngung wurde dem Substrat beim Ansatz beigemischt und war für alle Gefäße einheitlich[1]. Als Versuchspflanze diente *Lolium multiflorum*, und zwar 25 Pflanzen je Gefäß. Die Ernte der oberirdischen Pflanzenmasse erfolgte zu einem einheitlichen Zeitpunkt, der vom Umfang der Masseproduktion bei den am stärksten entwickelten Varianten abhängig gemacht wurde. Die Auszählung der Bestockungstriebe wurde nur nach dem ersten Schnitt vorgenommen. Nach dem letzten Schnitt erfolgte zur Ermittlung der gebildeten Wurzelmasse ein vorsichtiges Herausspülen der Substratteile und Rückstände der organischen Dünger aus dem Wurzelverband. Bis zur Erreichung des 4-Blattstadiums der Testpflanzen entsprach die Wasserversorgung etwa 40% der maximalen Wasserkapazität (WK) des Substrates, erst dann erfolgte das tägliche Einstellen der Düngungsvarianten auf die Versorgungsstufen 35% und 65% der WK der Substrate. Von diesem Zeitpunkt an wurde der tägliche Wasserverbrauch bei allen Prüfgliedern durch Wägung registriert. Jede Variante umfaßte 3 Parallelgefäße.
Die auf 1000 mg N je Gefäß bemessene Stickstoffdüngung in mineralischer oder organischer Form wurde mit Ausnahme des Gabenteilungsversuches (Versuch B) dem Substrat zum Ansatz in voller Höhe beigemischt. Zur Erfassung des mobilisierten Bodenstickstoffs erfolgte auf der Lößvariante die mineralische Vergleichsdüngung als doppelte ^{15}N-markiertes Ammoniumnitrat. Über die Zusammensetzung der geprüften Gülleformen und anderen organischen Düngemitteln informiert Tabelle 1.
Durch fraktionierte Extraktion der organischen Dünger nach dem Verfahren SPRINGER (1937) mit heißem Wasser, 2%iger Salzsäure und 5%iger Schwefelsäure konnte eine Vorstellung von der Löslichkeit des organisch gebundenen Stickstoffs gewonnen werden. Die Ergebnisse wurden in der Tabelle 2 zusammengestellt.

[1] 1,2 g P_2O_5 als $CaHPO_4 \cdot 2\,H_2O$; 1,5 g K_2O als K_2SO_4;
0,6 g MgO als $MgSO_4 \cdot 7\,H_2O$; 1 ml 10%ige $FeCl_3$-Lösung;
1 ml AZ-Lösung (a) nach HOAGLAND.

Tabelle 1
Zusammensetzung der geprüften organischen Dünger (% in der Frischsubstanz)

	Harngülle	kotarme Gülle	kotreiche Gülle	Kotgülle	Stallmist	Mistmehl	Strohmehl (Wi-Weiz.)	Sägemehl (Kiefer)
Kot:Harn:Wasser	0:1:1	1:1:2	3:1:4	1:0:1	—	—	—	—
Trockensubstanz	2,7	5,1	6,6	8,6	20,2	100	100	100
organ. Substanz	0,9	3,7	5,3	7,3	16,4	81,1	93,1	99,5
Rohasche	1,8	1,4	1,3	1,3	3,8	18,9	6,9	0,5
Kohlenstoff	0,6	2,0	2,7	4,0	8,1	40,0	44,4	51,6
C:N-Verhältnis (N = 1)	1,4	5,8	10,8	27,2	18,9	21,8	88,8	344
Gesamt-N	0,42	0,36	0,25	0,13	0,43	1,83	0,50	0,15
NH_3-N	0,38	0,29	0,15	0,03	0,07	0	0	0
Phosphor	0,004	0,018	0,024	0,034	0,075	0,37	0,10	0,03
Kalium	0,67	0,41	0,23	0,09	0,42	2,10	1,30	0,21
Kalzium	0,011	0,036	0,038	0,050	0,125	0,62	0,22	0,09
Magnesium	0,014	0,016	0,019	0,020	0,044	0,22	0,07	0,04
pH (H_2O)	9,4	8,5	8,3	7,4	8,2	8,2	7,0	4,8

Tabelle 2
N-Fraktionen der organischen Dünger, ermittelt nach SPRINGER

N-Fraktion	Harngülle	kotarme Gülle	kotreiche Gülle	Kotgülle	Stallmist	Mistmehl	Strohmehl	Sägemehl
heißwasserl. N	98,9	87,9	71,7	40,7	36,2	19,9	27,9	28,6
HCl-lösl. N	0,6	5,3	11,6	21,4	27,3	34,3	38,7	31,1
H_2SO_4-lösl. N	0,3	2,0	6,3	14,8	9,0	11,3	16,4	16,0
unlöslicher N	0,2	4,8	10,4	23,1	27,5	34,5	17,0	24,3
Gesamt-N	100	100	100	100	100	100	100	100

Der Trockensubstanzertrag wurde durch Trocknung bei +65 °C im Umlufttrockenschrank ermittelt. Der Errechnung der N-Entzüge der Pflanzen in den ober- und unterirdischen Organen ging die N-Bestimmung in der feingemahlenen Trockensubstanz nach KJELDAHL ($KMnO_4$-Aufschluß) unter Verwendung einer verbesserten PARNAS-WAGNER-Apparatur voraus.

2. Ergebnisse und Schlußfolgerungen

Wie aus der Tabelle 3 hervorgeht, war der mineralische Stickstoff in bezug auf Bestockung, Ertrag und Stickstoffaufnahme bei beiden Bewässerungsstufen dem Gülle- und Stallmiststickstoff signifikant überlegen. Intensivste Bestockung, höchster Ertrag und größte Ausnutzung des verabreichten Stickstoffs wurden

Tabelle 3

Bestockung, Ertrag, Stickstoffaufnahme und Wasserverbrauch von *Lolium multiflorum* in Abhängigkeit von Düngerform und Wasserversorgung (Versuch A) Substrat: Sand

Düngung 1000 mg N/Gef.	Wasserversorgung % d. WK	Bestockung Triebe je Pfl.	Ertrag* g Tr. S. je Gef.	Stickstoffaufnahme mg N insg.**	im Sproß	Ges.-Wasserverbr. l H_2O je Gefäß	rel.-Wasserverbr. l H_2O je g Tr. S.
1. NH_4NO_3	35	13,7	44,9	856	724	27,1	0,61
	65	14,3	63,9	929	778	36,3	0,57
2. Harngülle	35	6,8	14,4	270	186	16,1	1,12
	65	10,9	30,7	437	344	26,1	0,85
3. kotarme Gülle	35	6,6	12,4	249	176	16,0	1,29
	65	10,4	40,9	500	366	29,4	0,72
4. kotreiche Gülle	35	7,4	14,2	286	217	17,1	1,21
	65	9,7	29,9	389	268	26,0	0,87
5. Kotgülle	35	4,3	9,5	167	85	18,6	1,78
	65	5,8	13,6	246	134	20,5	1,51
6. Stallmist	35	4,5	10,4	203	97	17,2	1,64
	65	5,7	12,9	220	115	19,7	1,52
7. Mistmehl	35	—	3,1	70	30	14,0	4,36
	65	—	6,0	106	55	16,3	2,72
GD 5%		0,8	10,6	96	—	5,5	—
GD 1%		1,0	14,1	127	—	7,3	—

* Sproßertrag, Summe von 3 Schnitten

** Summe aus Sproß- und Wurzel-N (div. durch 10 ≙ N-Ausnutzung in %)

bei NH_4NO_3-Düngung und hoher Bewässerung erzielt. Höhere Wasserversorgung des Substrates förderte bei allen geprüften Düngerformen die Ertragsbildung und Stickstoffaufnahme, wobei diese Gunstwirkung auch bei solchen Gülleformen hervortrat, deren Stickstoff zu über 70% wasserlöslich ist und vorwiegend als Ammoniumkarbonat und Ammoniak in der Gülle vorliegt (Tabelle 2). Obwohl der Wasserverbrauch bei mineralischer Stickstoffdüngung stets am höchsten war, wurde das Wasser auf Grund intensivster Stoffproduktion von der Pflanze gut ausgenutzt, was im Vergleich zu Mistmehl, Stallmist und Kotgülle in einem relativ niedrigen Wasserverbrauch (einschließlich des Verdunstungswassers) von etwa 600 ml zur Erzeugung von einem Gramm Trockenmasse zum Ausdruck kommt.

Auffallend niedrig sind Ertragsleistung und Stickstoffausnutzung bei Harngülle. Dieses Ergebnis entspricht im Hinblick auf die hohe Löslichkeit des Harngüllestickstoffs nicht den Erwartungen, zumal zwischen dem Gehalt der Düngerformen an löslichem Stickstoff und dem Ertrag positive korrelative Beziehungen ermittelt wurden; für $r_{35\%} = 0,66$ nicht signifikant und $r_{65\%} = 0,89$ bei $p < 1\%$ signifikant. Da Harngülle im allgemeinen einen sehr hohen pH-Wert besitzt und außerdem die Konzentration an freiem Ammoniak hier relativ hoch liegt, muß angenommen werden, daß die während des ersten Aufwuchses beobachteten

Wachstumsstörungen mit den oben genannten Eigenschaften dieser Gülleform in Beziehung stehen. Bemerkenswert sind ferner die relativ niedrigen Stickstoffentzüge bei Gülle und Stallmist allgemein, die nur im Falle der Kotgülle, des Stallmistes und eines zu Vergleichszwecken hergestellten Mistmehles mit einer niedrigen Pflanzenverfügbarkeit des organisch gebundenen Stickstoffs erklärbar sind. Bei allen übrigen Gülleformen liegen die Stickstoffentzüge weit unter deren Gehalt an wasserlöslichem Stickstoff, so daß nicht nur Wachstumsdepressionen auf Grund der toxischen Wirkung freien Ammoniaks auf junge, kohlenhydratarme Wurzeln, sondern auch Stickstoffverluste infolge Ammoniakverdunstung diesen Effekt bewirkt haben müssen (WEDEKIND 1968). Bei der Beurteilung der vorliegenden Ergebnisse ist außerdem noch zu berücksichtigen, daß die Versuche zunächst auf einem Substrat mit sehr geringem Sorptions- und Pufferungsvermögen durchgeführt wurden.

Eine Aufteilung der 1000 mg N entsprechenden Güllemenge auf zwei bzw. vier Teilgaben führte, wie aus Tabelle 4 zu entnehmen ist, sowohl zu einer Ertragszunahme als auch einem höheren Stickstoffentzug. Durch die Gabenteilung, insbesondere durch viermalige Begüllung (250 mg N zum Ansatz und 3mal je 250 mg N als Gülle auf den wachsenden Bestand), erhöhten sich Ertragswirksamkeit und Ausnutzung des Güllestickstoffs beträchtlich und signifikant, und zwar bei beiden Wasserversorgungsstufen. Physiologische Schädigungen der Pflanze durch überhöhte NH_3-Konzentration im sorptionsschwachen und wenig puffernden Sandsubstrat wurden bei Gabenteilung nicht mehr beobachtet. Diese Tatsache findet letztlich auch ihren Niederschlag in einer produktiveren Verwertung des Wassers. Aus diesem Ergebnis kann der Schluß gezogen werden, daß

Tabelle 4
Ertrag, Stickstoffaufnahme und Wasserverbrauch von *Lolium multiflorum* bei gestaffelten Güllegaben und unterschiedlicher Wasserversorgung (Versuch B) Substrat: Sand

Düngung	Wasser-vers. % d. WK	Ertrag* g Tr. S. je Gefäß	Stickst.-Aufnahme mg N ges.**	i. Sproß	Ges.-Wasserverbr. l H_2O je Gefäß	rel.-Wasserverbr. l H_2O je g Tr.S.
kotreiche Gülle						
1. 1 Gabe (1000 mg N)	35	14,2	286	217	17,1	1,21
	65	29,9	389	268	26,0	0,87
2. 2 Gaben (250 mg + 750 mg N)	35	21,0	263	179	19,6	0,93
	65	31,4	380	249	28,4	0,91
3. 4 Gaben (4 × 250 mg N)	35	27,8	380	240	23,8	0,86
	65	40,7	518	328	33,5	0,82
GD 5%		10,6	98	—	5,5	—
GD 1%		14,1	127	—	7,3	—

* Sproßertrag, Summe aus 3 Schnitten

** Summe aus Sproß- und Wurzel-N

der Erfolg einer Gülledüngung besonders auf leichten Substraten von der Art und Weise ihrer Verabreichung abhängt. Hohe Güllemengen, auf einen relativ trockenen, sorptionsschwachen, mit jungen Pflanzen bestandenen Sandboden ausgebracht, führen mit hoher Wahrscheinlichkeit zu einer niedrigen Effektivität des Güllestickstoffs, mitunter sogar zur einer sichtbaren Wachstumsdepression. Gleichzeitig ist, wie die Ergebnisse eigener Modellversuche zeigten (WEDEKIND 1968a), mit einer deutlichen Zunahme der Stickstoffverluste durch Verdunstung zu rechnen. Unter derartigen Bodenverhältnissen führen hauptsächlich häufige, über die Vegetationsperiode verteilte kleine Güllegaben, möglichst in Verbindung mit einer Klarwasserberegnung auf intensiv wachsende Bestände zu einer besseren Wirksamkeit des Güllestickstoffs. In dieser Hinsicht ist die Gülle mit mineralischen Flüssigdüngern, wie flüssigem Ammoniak und Ammoniakaten, sowie mit leicht löslichen kristallinen Stickstoffdüngern, wie schwefelsaurem Ammoniak, Kalkammonsalpeter oder Ammonbikarbonat (SELKE 1958), vergleichbar.

Tabelle 5
Ertrag und Stickstoffaufnahme von *Lolium multiflorum* bei Gülle-Stroh- bzw. Gülle-Sägemehldüngung und unterschiedlicher Wasserversorgung (Versuch C) Subtrat: Sand

Düngung 1000 mg N als	Wasser-versorg. % d. WK	Ertrag* g Tr. S. je Gefäß	Stickstoffaufnahme mg N je Gefäß insges.**	i. Sproß
1. kotarme Gülle	35	12,4	249	176
ohne Einstreu	65	40,9	500	366
2. kotarme Gülle	35	15,1	386	306
+ 40 g Sägemehl	65	39,4	535	408
3. kotarme Gülle	35	15,4	260	171
+ 40 g Strohmehl	65	26,1	357	231
GD 5%		10,6	96	–
GD 1%		14,1	127	–

* Sproßertrag, Summe aus 3 Schnitten
** Summe aus Sproß- und Wurzel-N

In einem anderen Versuch wurde geprüft, inwieweit Sägemehl, das in einigen Anlagen bislang noch anstelle wärmedämmender Gummimatten als Einstreu Verwendung fand oder Stroh (in gemahlenem Zustand), entweder ebenfalls als Einstreu oder direkt als organischer Dünger auf dem Feld eingesetzt, den Wirkungswert des Güllestickstoffs beeinflußt. Wie aus der Tabelle 5 hervorgeht, unterscheiden sich Sägemehl und Strohmehl in Abhängigkeit von der Wasserversorgung des Bodens hinsichtlich ihrer Wirkung auf Ertrag und Stickstoffentzug. Unter dem Einfluß des Sägemehls tritt z. B. auf dem mäßig bewässerten Sandsubstrat eine signifikante Erhöhung des Stickstoffentzuges ein, bei besserer Wasserversorgung dagegen nicht. Eine Wirkung des Strohmehles ist nur bei hoher Substratfeuchtigkeit erkennbar. Ertrag und Stickstoffentzug gingen unter dem Einfluß des Strohmehls im Vergleich zu „Gülle ohne Einstreu" hier signifikant zurück. Die Deutung dieser Effekte ist kompliziert. In erster Linie sind daran mikrobiologische Vorgänge beteiligt. Auf Grund der gegenüber Sägemehl leichteren Mineralisation des Strohmehles müssen die auf dem gut mit Wasser versorgten Substrat festgestellten Ertragsrückgänge und niedrigeren Stickstoffentzüge mit einer zeitweiligen Festlegung von Güllestickstoff erklärt werden. Bei relativ trockenem Boden verlaufen offenbar die mikrobiologischen Abbauprozesse wesentlich langsamer, bzw. ist die Stoffproduktion der Pflanze ohnehin schon stark gedrosselt, so daß im Vergleich zu „ohne Einstreu" ein Einfluß des Strohmehles auf Ertrag und Stickstoffentzug kaum erkennbar ist. Die Förderung der Stickstoffaufnahme der Pflanze durch Sägemehl, vor allem bei niedriger Wasserversorgung, dürfte ihre Ursachen in einer Verbesserung der physiologischen Bedingungen im Substrat haben, da von dem stark sauer reagierenden Kiefernsägemehl offenbar eine Pufferwirkung ausging. Außerdem können durch Stroh- und Sägemehlgaben die N-Verluste aus Gülle gesenkt werden (WEDEKIND 1968a).

Zur Erfassung der Dynamik des Stickstoffumsatzes in mit verschiedenen Gülleformen und Stallmist sowie Stroh- und Sägemehlzusätzen behandelten Substraten wurden, unter Anwendung des Gazebeuteltestes nach UNGER, spezielle Untersuchungen durchgeführt, als deren wichtigstes Ergebnis festzuhalten ist, daß auf Grund des engen C:N-Verhältnisses der harnhaltigen Gülleformen sowie des hohen Löslichkeitsgrades des Güllestickstoffs im Vergleich zu Kotgülle, Stallmist und Mistmehl eine verstärkte Zellulolyse eintrat (WEDEKIND 1968b). Hohe Gaben an Güllestickstoff fördern demzufolge die biologische Aktivität im Boden, so daß durch eine raschere Mineralisation organischer Substanz der Kreislauf der Nährstoffe bei einer Gülledüngung beschleunigt werden kann. Dieser Tatsache muß deshalb bei der Eingliederung der Gülledüngung in die Fruchtfolge besonderes Augenmerk geschenkt werden, da sonst unter bestimmten Standortbedingungen infolge einer höheren Mineralisationsrate bei intensiver Begüllung ein Rückgang im Gehalt des Bodens an bodenbürtigem Kohlenstoff eintreten könnte.

Ein Einsatz der Gülle auf sorptions- und pufferungsaktiven Substraten ist im Vergleich zu einem sorptionsschwachen Sandboden um so wirkungsvoller, je mehr löslicher Stickstoff mit der jeweiligen Gülleform verabreicht wird. Wie die Ertragswerte der Tabelle 6 zeigen, ist es zunächst von untergeordneter Bedeutung, ob die Kationenaustauschkapazität (AK) des ursprünglich sorptionsschwachen Sandes mit Hilfe der natürlichen Sorptionsträger eines N-armen Lößsubstrates[1] oder durch Zugabe synthetischer organischer Sorptionskörper in Gestalt des schwach sauren Kationenaustauschers Wofatit CP (H-Form)[2] von 2 mval auf über 8 mval/100 g Mischsubstrat erhöht wurde. Sowohl Löß- als auch Wofatitzusätze führten bei Harngülle und kotarmer Gülle zu signifikanten

[1] Schwemmlöß aus einem 2 m tiefen Aufschluß bei Wickerstedt (Apolda); pH 7,2; T-Wert = 9,5 mval/100 g; V-Wert = 94,7%; 0,07% C; 0,018% N; 2 mg/100 g P_2O_5; 8 mg/100 g K_2O.

[2] Gesamtaustauschkapazität der H-Form 11,7 mval je Gramm trockenes Harz; Wassergehalt = 51 Gew.-%; Herkunft: VEB Farbenfabrik Wolfen.

Tabelle 6

Ertrag und Stickstoffaufnahme von *Lolium multiflorum* in Abhängigkeit von Sorption und Wasserversorgung des Substrates und der Düngerform (g Tr. S. bzw. mg N je Gefäß aus Sproß und Wurzel)

Substrat	WK	Düngung (1000 mg N je Gefäß)							
		NH_4NO_3		Harngülle		kotarme Gülle		kotreiche Gülle	
	%	g TrS	mg N	g TrS	mg N	g TrS	mg N	g TrS	mg N
Sand*	35	57,3	785	7,0	181	22,8	395	29,9	403
	65	80,2	880	21,1	416	49,7	579	49,7	529
Sand+	35	58,4	821	53,8	646	50,9	556	38,6	362
Löß**	65	85,4	836	78,2	655	74,5	576	62,0	469
Sand+	35	60,0	806	42,9	737	43,1	648	36,1	493
Wofatit CP***	65	80,0	948	70,3	802	73,4	700	57,0	587
GD 5%		14,4	53	25,3	35	16,8	102	12,8	95
GD 1%		19,5	72	34,4	47	22,8	139	17,3	129

* AK = 2,0 mval/100 g, pH 6,7;
** AK = 8,2 mval/100 g, pH 7,2;
*** AK = 8,4 mval/100 g, pH 5,8.

Mehrerträgen, besonders hervorzuheben ist der positive Effekt der Sorption, wenn die genannten Gülleformen auf relativ trockenem Substrat eingesetzt wurden. Daraus läßt sich schlußfolgern, daß die Ertragswirksamkeit des physiologisch hoch aktiven Güllestickstoffs von Feuchtigkeitsgehalt, Sorptionsleistung und Pufferungsvermögen des Bodens erheblich beeinflußt wird. Die Sorptionsverhältnisse spielen offenbar beim Einsatz von Ammonsalpeter im Vergleich zur Gülleanwendung eine weniger bedeutungsvolle Rolle, da substratbedingte Ertragsunterschiede bei beiden Wasserversorgungsstufen nicht ermittelt werden konnten. Lediglich durch die Bewässerung selbst sind hier noch gesicherte Mehrerträge möglich. Wohl ist die positive Wirkung der Sorption auch noch bei Anwendung kotreicher Gülle erkennbar, eine statistische Sicherung läßt sich jedoch bereits nicht mehr nachweisen.

Im Prinzip sind die bei der Besprechung der Erträge herausgestellten Beziehungen auch für die ermittelten Stickstoffentzüge gültig. Eine Verbesserung der Sorptionsverhältnisse des Bodens führte vor allem bei Gülle mit hohem Gehalt an löslichem Stickstoff zu einer besseren Ausnutzung des Düngerstickstoffs. Dabei wurden die Stickstoffentzüge besonders in Verbindung mit einer Wofatitanwendung deutlich erhöht, so daß sie teilweise sogar die auf dem Löß registrierten Entzugswerte noch signifikant übertrafen. Dieser Effekt kann einerseits mit der hohen selektiven Sorption des Ionenaustauschers für NH_4-Ionen aus stark basisch reagierenden Lösungen in Beziehung stehen. Andererseits muß auch angenommen werden, daß die beim NH_4-Eintausch in die Bodenlösung abgegebenen H-Ionen das Entstehen günstigerer physiologischer Reaktionsbereiche und damit eine verstärkte Assimilation des NH_4-Stickstoffs der Gülle durch die Pflanzenwurzel bewirken.

Obwohl durch Lößanwendung bei allen Gülleformen gegenüber Sand gesicherte Mehrerträge ermittelt wurden, die jedoch trotz des zusätzlich ertragswirksam gewordenen Bodenstickstoffs nicht höher als bei dem Sand-Wofatitgemisch lagen, konnten höhere Stickstoffentzüge hier nur bei Harngülle sowie bei kotarmer Gülle und niedriger Wasserversorgung festgestellt werden. Bei einer Düngung mit kotreicher Gülle ergaben sich im Vergleich zu Sand auf dem Lößsubstrat sogar niedrigere Stickstoffentzüge. Nur bei dieser Gülleform verbesserte eine höhere Wasserversorgung des Lößbodens auch die Stickstoffausnutzung.
Der aus dem Löß mobilisierte Bodenstickstoff ist bei den in Tabelle 6 zusammengestellten Bilanzwerten bereits in Abzug gebracht worden. Er wurde durch Anwendung von doppelt ^{15}N-markiertem Ammoniumnitrat (5,41 Atom-% ^{15}N) als mineralische Vergleichsvariante mit Hilfe der ^{15}N-Analyse nach Faust (1960) ermittelt.
In einer abschließenden Wertung der beschriebenen Ergebnisse der Gefäßversuche mit verschiedenen Gülleformen ist festzustellen, daß der gewünschte Erfolg einer Gülledüngung offenbar von zahlreichen Faktoren abhängt, von denen jedoch einigen eine besondere Bedeutung zukommt. Hierzu zählen zunächst der Gehalt der Gülle an leicht löslichem, pflanzenaufnehmbarem Stickstoff. Je größer der Anteil der ausgebrachten Gülle an flüssigen, harnähnlichen Bestandteilen ist, um so mehr gleicht sie in ihrer Ertragswirkung einer konzentrierten Mineraldüngung, wobei jedoch auf Grund der vorwiegenden Karbonatbindung des löslichen Güllestickstoffs besondere physiologische Effekte auftreten können, die sich in Wachstumsdepressionen durch NH_3-Vergiftung bei hohen Gaben auf junge Pflanzenbestände und ausgetrockente Böden äußern können. Diese Gefahr besteht besonders auf leichten, sorptionsschwachen Sandböden. In Anbetracht des geringen Sorptions- und Pufferungsvermögens derartiger Standorte sind häufigere und kleine Güllegaben auf wachsende Bestände, möglichst in Verbindung mit einer Bewässerung, erheblich wirkungsvoller und auch rationeller, weil nicht nur die Trockenmasseerträge ansteigen, sondern durch eine bessere Ausnutzung des Düngerstickstoffs auch die Rohproteinerträge zunehmen. Gleichzeitige Strohdüngung kann dazu führen, daß ein Teil des Güllestickstoffs durch Festlegung in Mikrobeneiweiß der Pflanze zunächst entzogen wird. Wenn jedoch durch eine richtige Bemessung der Gabenhöhe die teilweise Demobilisierung von Güllestickstoff in Verbindung mit einer gleichzeitigen Strohdüngung Berücksichtigung findet, sind derartige Ertragsdepressionen abzuwenden. Außerdem kann durch die zeitweilige N-Fixierung der Auswaschung und Verdunstung von Güllestickstoff begegnet werden. Kotreiche Gülleformen sind hinsichtlich ihrer Ertragswirkung mehr dem Stallmist verwandt.
Die ausreichende Wasserversorgung von Boden und Pflanze stellt beim Einsatz hoher Stickstoffgaben in Form von Gülle einen weiteren wesentlichen Erfolgsfaktor dar. Bekanntlich ist Wasser nicht nur das wirkungsvollste, sondern zugleich auch das billigste Konservierungsmittel des Güllestickstoffs. Nicht zuletzt hängt der Erfolg der Gülledüngung von den natürlichen Gegebenheiten des Bodens, seinen Sorptions- und Pufferungseigenschaften ab. Während die kristallinen Mineraldünger entweder als eine Grunddüngung in den Boden ein-

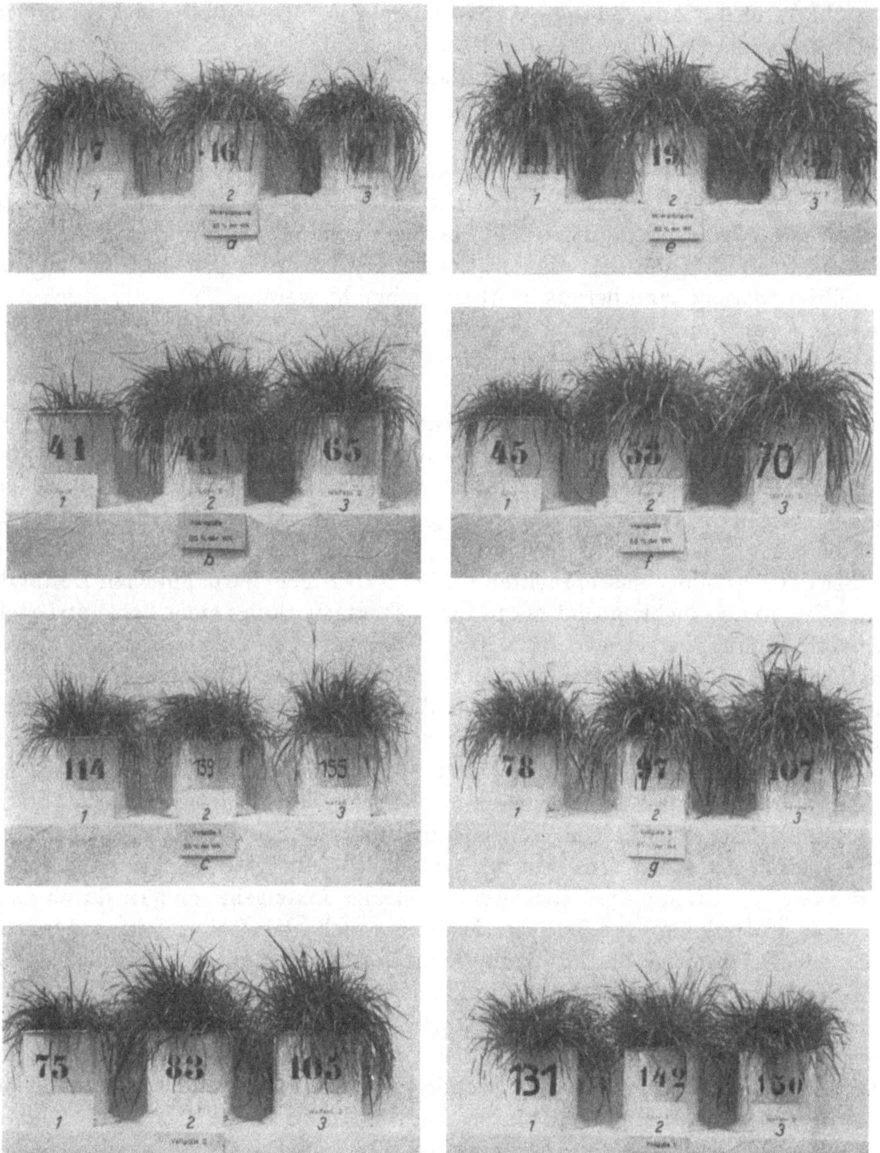

Auswirkung verschiedener Gülleformen auf verschiedenen Substraten bei unterschiedlicher Wasserversorgung

1 = Sand	a) Mineraldüngung 35% WK	e) Mineraldüngung 65% WK
2 = Löss	b) Harngülle 35% WK	f) Harngülle 65% WK
3 = Wofatit	c) Vollgülle 1 (kotreiche Gülle) 35% WK	g) Vollgülle 2 65% WK
	d) Vollgülle 2 (kotarme Gülle) 35% WK	h) Vollgülle 1 65% WK

gearbeitet oder bei oberflächiger Ausbringung durch das Niederschlagswasser gelöst und in den Boden eingewaschen werden müssen, dringen die gelösten Bestandteile der organischen Flüssigdünger auch bei oberflächiger Verteilung mitunter sofort bis in den Wurzelbereich der Pflanze vor. Dieser unmittelbare Kontakt der Güllenährstoffe mit der Pflanzenwurzel stellt zwangsläufig höhere Anforderungen an das Pufferungs- und Transformationssystem des Bodens.
Die Versuchsergebnisse brachten sehr deutlich zum Ausdruck, daß diesen Bodeneigenschaften bei einem gezielten Einsatz der Gülle in der Feldwirtschaft besondere Beachtung geschenkt werden muß. Bekanntlich wird der Wert der Gülle für die Pflanzenproduktion von seiten der Praxis oft sehr unterschiedlich eingeschätzt. Häufig verbergen sich hinter dieser Tatsache die unterschiedlichen Einflüsse des Standortes, insbesondere des Bodens, denen der Einsatz der Gülle in ungenügendem Maße angepaßt war.

3. Zusammenfassung

In Gefäßversuchen wurden verschiedene Formen von Rindergülle im Vergleich zu Mineraldüngung und Stallmist in ihrer Wirkung auf Ertrag und Stickstoffentzug unter variierten Bedingungen geprüft. Die Versuche ergaben eine enge Beziehung zwischen der Ertragswirkung der einzelnen Düngerarten und deren Gehalt an löslichem, pflanzenausnutzbarem Stickstoff. Höhere Wasserversorgung der Bodensubstrate förderte die Stoffproduktion und Stickstoffaufnahme in gleicher Weise. Günstige Wachstumsbedingungen, die auf leichtem, sorptionsschwachem Boden durch höhere Wasserversorgung sowie eine gestaffelte Verabreichung der vorgesehenen hohen Güllegaben erreichbar sind, führten zu einem produktiveren Einsatz des Bewässerungswassers.
Bei Störungen der physiologischen Prozesse entweder durch überhöhte, toxisch wirkende NH_3-Konzentrationen in der Bodenlösung (Harngülle) oder N-Mangelerscheinungen, z. B. in Verbindung mit zusätzlichen Strohgaben, erhöht sich der relative Wasserverbrauch, ausgedrückt in Milliliter Wasser je Gramm Pflanzentrockenmasse. Ein Bodensubstrat mit einer hohen selektiven Kationensorption begünstigte die Ausnutzung des Güllestickstoffs und führte zu Mehrerträgen. Beim Einsatz der Gülle auf leichten Sandböden ist bei der Bemessung der Höhe der einzelnen Teilgaben vor allem das teilweise sehr schlechte Sorptions- und Pufferungsvermögen dieser Substrate zu beachten. Bei Anwendung kotreicher Güllekomponenten bleiben Ertragsbildung und Stickstoffausnutzung im Anwendungsjahr zwar deutlich hinter Güllepartien mit hohem Harnanteil zurück, jedoch ist es möglich, von diesem Material dem Boden größere Mengen zu verabreichen, ohne daß Ertragsdepressionen auf Grund toxischer NH_3-Konzentrationen zu befürchten sind.

Резюме

Название работы: Урожай, усвоение азота и потребление воды у *Lolium multiflorum* при применении различных форм жидкого навоза и при различном обеспечении растений водой.

В вегетационных опытах изучали действие различных форм жидкого коровьего навоза по сравнению с минеральным удобрением и с обычным навозом на урожай и на вынос растениями азота.
В опытах установлена тесная связь между действием на урожай отдельных видов удобрений и их содержанием растворимого доступного растениям азота. Более высокое обеспечение почвенных субстратов водой одинаковым образом способствовало образованию органического вещества и усвоению азота. Благоприятные условия произрастания, достигаемые на легкой слабо сорбирующей почве повышенным обеспечением водой и дифференцированными высокими дозами жидкого навоза, привели к более эффективному использованию поливной воды.
При нарушении физиологических процессов или чрезмерно повышенными токсически действующими концентрациями NH_3 в почвенном растворе (жидкий навоз из мочи) или же недостатком азота например в связи с дополнительным применением соломы, повышается относительное потребление воды, выраженное в миллилитрах воды на I г сухой растительной массы. Почвенный субстрат с высокой избирательной сорбцией катионов содействовал исползованию азота жидкого навоза и привел к прибавкам урожая. Применяя жидкий навоз на легких песчаных почвах, при определении отдельных дробных дач следует учитывать в первую очередь частично очень плохую сорбционную и буферную способность этих субстратов. При использовании богатых калом компонентов жидкого навоза формирование урожая и использование азота в год применения хотя явно уступают партиям жидкого навоза с высоким удельным весом мочи, их все же можно вносить в почву в более высоких количествах без опасения депрессии урожая от токсических концентраций NH_3

Summary

Title of the paper: Yield, nitrogen uptake, and water consumption of *Lolium multiflorum* as affected by different slurry dressings and varying water supply
In pot experiments, different kinds of cattle slurry were compared with mineral fertilizers and farmyard manure for their effect on yield and nitrogen absorption under varying conditions. The experiments revealed a close relationship between yield response to the various kinds of fertilizer and the content of soluble, plant-available nitrogen. A stronger water supply of the substrates stimulated matter production and nitrogen uptake. Favourable growth conditions attainable on light soils of low sorptive capacity by means of strong water supply as well as by applying the total slurry quantity in several split dressings, resulted in a more productive use of the irrigation water.
When disturbing the physiological processes either by excessive toxic NH_3 concentrations in the soil solution (urine slurry) or due to N-deficiency as, for example, in case of additional straw dressings, the relative water consumption (expressed in milliliter water per gram plant dry matter) is likely to go up. A soil substrate with a high selective cation sorption favoured the utilization of slurry nitrogen resulting in yield increments. When applying slurry on light sandy soils

care must be taken in fixing the appropriate level of the split dressings because these substrates, in part, exhibit very low sorptive- and buffering capacities. When applying slurry rich in faeces, yield formation and nitrogen utilization in the year of application will markedly lag behind those to be expected after slurry dressings with a high urine proportion. However, larger quantities of this material can be applied to the soil without the risk of yield depressions due to toxic NH_3-concentrations.

Literatur

FAUST, H.: Zur spektroskopischen ^{15}N-Bestimmung unter Verwendung eines Stufenfilters. Z. analyt. Chemie 175 (1960), S. 9–18

HENZE, R.: Fließmist – ein hochwertiges wirtschaftseigenes Düngemittel. Kali-Briefe, 5. Folge (1967), S. 1–6

LEHMANN, R. und Mitarbeiter: Erarbeitung von technischen Grundlagen für die Entmistung von Rinderställen bei stroharmer bzw. strohloser Aufstallung. Abschlußbericht zum Forschungsauftrag Nr. 4502 21/5007/2, Institut für Landtechnik der Karl-Marx-Universität Leipzig, 1967

MÜLLER, G., MOTT, D. N.: Zum Nährstoffgehalt von Flüssigmist. Mitt. d. DLG 82. Jg. (1967), H. 32

SCHWERTMANN, U.: Die relative Kationensorption der Tonfraktion einiger Böden aus Sedimenten. Z. Pflanzenernährung, Düngung, Bodenkunde 97 (1962), S. 9–25

SELKE, W.: Ammonbikarbonat als Stickstoffdünger. Z. landwirtsch. Versuchs- und Untersuchungswesen 4 (1958), S. 507–526

SPRINGER, U.: Zur Kenntnis einiger bekannter Handelshumusdüngemittel, ein Beitrag zu ihrer Beurteilung und Verwertung. Bodenk. und Pflanzenernährung 3 (1937), S. 139–188

TEPE, W.: Die Bestimmung der Bodenleistung mit Ionenaustauschern im Hinblick auf die Ernährung der Pflanzen. Landwirtschaftl. Forsch. 7. Sonderheft (1956) S. 83–89

WEDEKIND, P.: Untersuchungen zur Ausnutzung des Stickstoffs verschiedener Gülleformen auf unterschiedlichen Substraten unter besonderer Berücksichtigung der Wasserversorgung. Jena, Friedrich-Schiller-Universität, Diss. 1967

WEDEKIND, P.: Versuche zur Erfassung verschiedener Einflußfaktoren auf die Ammoniakverdunstung bei der Gülledüngung. Thaer-Archiv 12 (1968a) 11 S. 1007–1017

WEDEKIND, P.: Untersuchungen zur Erfassung des N-Umsatzes in unterschiedlich gedüngten und bewässerten Mitscherlichgefäßen unter Verwendung des Gazebeuteltestes nach UNGER. Tagungsbericht Nr. 98 der DAL Berlin (1968b), S. 163–169

WEDEKIND, P. u. KORIATH, H.: Substanz- und Nährstoffgehalt der Gülle. Feldwirtschaft 10 (1969), Heft 7, S. 319–320

Anschrift der Verfasser:
Dr. PAUL WEDEKIND, Institut für Mineraldüngung der DAL – Zweigstelle Potsdam – Templiner Str. 21
Prof. Dr. habil. KLAUS SCHWARZ, Institut für Meliorationswesen und Grünland der Friedrich-Schiller-Universität Jena Philosophenweg 14

Zusammenlegung der „Zeitschrift für Landeskultur" mit dem „Albrecht-Thaer-Archiv" ab 1971

Auf Vorschlag der Kommission für Veröffentlichungen und Beschluß des Präsidiums der Deutschen Akademie der Landwirtschaftswissenschaften zu Berlin werden die von dieser Akademie herausgegebenen wissenschaftlichen Zeitschriften „Zeitschrift für Landeskultur" und „Albrecht-Thaer-Archiv" ab Heft 1 des Jahrganges 1971 zu einem Publikationsorgan vereint und unter dem Titel „Archiv für Pflanzenproduktion und Bodenfruchtbarkeit" weitergeführt. Diese Zeitschrift wird die Gebiete Bodenkunde, Meliorationswesen, Pflanzenernährung, Düngung, Acker- und Pflanzenbau sowie Grünlandkunde umfassen.

Diese Zusammenlegung soll eine komplexere Betrachtungsweise aller Probleme der Bodenfruchtbarkeit und der Pflanzenproduktion fördern und Überschneidungen vermeiden, die sich aus dem engen Zusammenhang der von den beiden bisherigen Zeitschriften vertretenen Fachgebiete ergaben. Dem Leser wird damit die Möglichkeit gegeben, sich umfassender über die neuesten Ergebnisse und Probleme wissenschaftlicher Forschung aus den genannten Wissenschaftsdisziplinen in der Deutschen Demokratischen Republik zu informieren.

Das „Archiv für Pflanzenproduktion und Bodenfruchtbarkeit" wird wie das „Albrecht-Thaer-Archiv" mit 12 Heften jährlich erscheinen (je Heft 6 Bogen) und aus bibliographischen Gründen die Bandzählung des „Albrecht-Thaer-Archivs" weiterführen. Der Bezugspreis bleibt unverändert.

Mit Beginn der Umstellung wird in der Zeitschrift das Depotsystem eingeführt, d. h., neben herkömmlichen Arbeiten werden auch kurze Informationsartikel veröffentlicht, deren ausführliche Manuskripte in einem Fachdepot gespeichert werden und von dort zur Verfügung gestellt werden können. Mit diesem Verfahren sollen Informationsgehalt und Aktualität der Zeitschrift erhöht werden. Richtlinien für das Abfassen der ausführlichen Beiträge und das Anfertigen von Informationsartikeln sowie entsprechende Verfahrensfragen sind im „Albrecht-Thaer-Archiv" ab Heft 10, Band 14, abgedruckt.

Die Abonnements für die „Zeitschrift für Landeskultur" werden auf das „Archiv für Pflanzenproduktion und Bodenfruchtbarkeit" übertragen, sofern dem Akademie-Verlag keine andere Mitteilung zugeht.

Das Redaktionskollegium

Tabelle 1:

Merkmale der Bodenformen im Braunkohlenrevier südlich von Leipzig

Hauptbodenform	Lokalbodenform	Wenig wandelbare Merkmale der Bodenform: Körnungsart 2) Sande							Lehme Schluffe Tone			Gehalt an organischer Substanz (Ct %) als Kohle				als Humus			Stufe
		sehr grobkörnig	grobkörnig	mittel bis feinkörnig	feinstkörnig	S	al;S	lS, zS	L, sl	lZ, ZL, Z	sT, lT, zT	>5	5–2	2–0,5	<0,5	>1,5	0,5–1,5	<0,5	a
Kippsande	Zedtlitzer Kippsand	x	X 3)			X									x			X	
	Raupenhainer "			X			X	x	x						x			X	
	Pödelwitzer "				X		X	x							X				
	Heuersdorfer "		X	X		x	X								X				
Kippkalksande	Thränaer Kippkalksand			X			X		x						X			X	X
Kippkohlesande	Espenhainer Kippkohlesand				X		X						X						
	Bornaer "		x	X		x	X						X						
	Trageser "			X			X		x				X		x				
	Falkenhainer "		X				X		x				X		x				x
Kippkalkkohlesande 1)	Böhlener Kippkalkkohlesand			X			X							X					X
Kipplehme	Platekaer Kipplehm								X	x								X	
	Ruppersdorfer "						x		X						X				
	Witznitzer "						x		X		x			x	X				
Kippkalklehme	Luckaer Kippkalklehm								X	x					X			x	X
	Neukirchener "						x		X						X				X
	Regiser "					x			X				x		X				X
Kippkohlelehme	Zipsendorfer Kippkohlelehm						x		X		x	X							
Kippschluffe 10)	Rositzer Kippschluff								x	X						x	X		
Kippkalkschluffe	Pirkauer Kippkalkschluff									X								X	X
Kipptone	Haselbacher Kippton										X				X				
Kippkohletone	Ramsdorfer Kippkohletone						x			x	X		X						

1) In der forstlichen Standortserkundung wird statt des Kennwortes „Kohle" die Bezeichnung „Lett" gebraucht.

2) Nach Körnungsartendreieck von EHWALD, KOPP, LIEBEROTH und VETTERLEIN (1965)

3) X Anteile > 35 %

x Anteile 10–35 %

4) Nährstoffgehalt (mg/100 g Boden)

	a) Sande a	b	c	b) Lehme, Schluffe, Tone a	b	c
Ca	2200–300	350–80	<90	3600–400	450–160	< 170
K	170–85	90–35	<40	250–90	100–40	< 50
P	45–15	20–5	<10	50–20	25–10	< 12

Beitrag WÜNSCHE, M.; SCHUBERT, A.; LORENZ, W. D.

Bodenformen der Kippen und Halden im Braunkohlengebiet, Ztschr. f. Landes

…ehaltes 4)				Leichter wandelbare Merkmale							Geologisches Ausgangsmaterial	
	P			Sättigungszustand (V-Wert) 5)				Gesamt-Schwefel % SO_3 7)			Alter 9)	
c	a	b	c	$CaCO_3$	>50	50-25	25-5	>1	1,0-0,4 bzw. 0,2 8)	<0,4 bzw. <0,2		
X			X			X 6)				X	Q	Flußsand, -kies
		X			X					X	Q	Schmelzwassersand, Geschiebesand untergeordnet Geschiebelehm
			X			X			X		T	Formsand
X			X			X			X		T	Flußsand und Mittel (sandig)
		X		X						X	Q	Schmelzwassersand u. Geschiebesand, teilweise untergeordnet Geschiebemergel
X			X				X	X			T	Brauner Meeressand
X			X				X	X			Tq	Mittel, Zwischenmittel (sandig) u. Flußsand, teilweise untergeordnet Schmelzwassersand
X		x	X			x	X	X		x	Tq	Brauner Meeressand, Mittel u. Zwischenmittel (sandig) untergeordnet Geschiebelehm u. Lößlehm oder Auenlehm
X		x	X	x			X	X		x	Tq	Mittel, Zwischenmittel und Flußsand, untergeordnet Geschiebemergel
	X			X				X			T	Glaukonitsand
		X			X					X	Q	Geschiebelehm, untergeordnet Lößlehm (bzw. Sandlößlehm)
		X			X					X	Q	Geschiebelehm, untergeordnet Schmelzwassersand u. Flußsand
x		X	x			X			x	X	QT	Geschiebelehm, untergeordnet Schmelzwassersand und Mittel (sandig, schluffig, tonig)
		X		X						X	Q	Geschiebemergel untergeordnet Geschiebelehm, Löß u. Lößlehm
		X		X						X	Q	Geschiebemergel, untergeordnet Schmelzwassersand u. Flußsand
x		X	x	X		x		x		X	QT	Geschiebemergel untergeordnet Mittel (sandig)
X			X			X		X	x		T	Mittel und Zwischenmittel (schluffig, tonig z.T. sandig)
		X			X					X	Q	Lößlehm, Sandlößlehm, Auenlehm
	X			X						X	Q	Löß
X			X			X			X		T	Mittel (schluffig-tonig)
X			X			X		X			T	Mittel und Zwischenmittel (tonig, untergeordnet schluffig-sandig

…) In der oberen 60-80 cm mächtigen Schicht

Sättigung und Säuregrad

V-Wert	$CaCO_3$	>50	50-25	25-5
pH (KCL)	7,0	>4,2	4,5-3,8	4,0-2,3

…nterhalb von 60-80 cm Tiefe gelten die gleichen Werte …ls wenig wandelbares Merkmal; sie sind dann Definitions-…erkmal der Bodenform i.e.S. (• Sättigung im Untergrund)

…berste Schmalzeile: ohne Melioration
…ittlere Schmalzeile: nach einfacher Melioration
…nterste Schmalzeile: nach Intensivmelioration

7) Wird zusätzlich erfaßt und gekennzeichnet

8) 0,4 % bei Lehm
0,2 % bei Sand

9) Q = Quartär
T = Tertiär

10) Name für die Hauptbodenform ist in diesem Falle unvollständig, da der Humusgehalt nicht mit ausgedrückt ist.

Richtlinien für das Abfassen der Beiträge in der „Zeitschrift für Landeskultur“

In der „Zeitschrift für Landeskultur“ werden neben den in Archiven und wissenschaftlichen Zeitschriften der DAL herkömmlichen Arbeiten erstmalig auch kurze Informationsartikel erscheinen. Ihnen liegen ausführliche Beiträge zugrunde, die als Manuskripte in einem Fachdepot gespeichert werden und von denen auf Wunsch Kopien oder Mikrofilme zur Verfügung gestellt werden können. Die Entscheidung darüber, in welcher Form ein Beitrag veröffentlicht wird, obliegt dem Redaktionskollegium. Diese neue Form der Veröffentlichung ist dazu angetan, den Informationsgehalt und damit die Aktualität der Zeitschrift wesentlich zu erhöhen. Richtlinien zur Anwendung des Depot-Systems und zur Anfertigung von Informationsartikeln sind auf der 4. Umschlagseite jedes Heftes dieser Zeitschrift abgedruckt und können darüber hinaus bei der Redaktion angefordert werden. Für die ausführlichen Beiträge gelten nachfolgende, für alle Archive und wissenschaftlichen Zeitschriften der DAL verbindliche Regeln:

1. Allgemeines

Der Umfang eines Beitrages soll 20 Schreibmaschinenseiten (zweizeilig) einschl. Abbildungen, Tabellen und Literaturverzeichnis nicht überschreiten. Dabei ist auf gedrängte Darstellungsform Wert zu legen, ohne daß sie an Deutlichkeit einbüßt. Klarheit, Kürze und Genauigkeit müssen bei allen Angaben höchstes Prinzip sein. Insbesondere ist auf eine strengere Auswahl der zu veröffentlichenden Ergebnisse im Hinblick auf ihren Informationswert zu achten. Eine Darstellung der Ergebnisse in mehreren Mitteilungen läßt sich nur bei ungewöhnlich umfangreichen Forschungskomplexen und solchen, deren Bearbeitung sich über längere Zeit erstreckt, befürworten. In der Regel werden nur abgeschlossene Untersuchungen veröffentlicht. Dies schließt jedoch nicht aus, daß bedeutungsvolle und besonders aktuelle Teilergebnisse als kurze vorläufige Mitteilung (2 – 3 Schreibmaschinenseiten) erscheinen. Reine Literaturzusammenstellungen können zugunsten der Vielzahl experimenteller Arbeiten nur ausnahmsweise und auch nur dann gedruckt werden, wenn sie eine straffe, theoretische Verarbeitung des Stoffes erkennen lassen.

2. Gliederung der Beiträge

Zur besseren Übersichtlichkeit der Beiträge wird folgender Aufbau empfohlen:
Die Einleitung ist so kurz wie möglich zu halten und hat sich nur auf die Problematik der Arbeit zu beschränken. Umfangreiche Literaturbesprechungen sind zu vermeiden. Nur die neueste und wichtigste Literatur ist heranzuziehen, insbesondere wenn sie zur Begründung der Fragestellung dient.

Über Material und Methoden ist eine kurze Übersicht, evtl. in Tabellenform, angebracht, sofern es sich nicht um neu entwickelte Methoden handelt. Von einer Beschreibung bereits bekannter Verfahren ist unbedingt abzusehen. Die Darstellung dieses Abschnittes muß trotz aller Kürze dem Leser die genaue Beurteilung der Ergebnisse ermöglichen.

Die wichtigsten Ergebnisse sind in Form von übersichtlichen Tabellen oder graphischen Darstellungen mitzuteilen. Eine doppelte Darstellung als Tabelle und zugleich Abbildung ist unzulässig. Es ist unbedingt zu vermeiden, die Zahlenwerte der Tabellen und Darstellungen in Worten zu wiederholen sowie Tabellenüberschriften und Abbildungsunterschriften nochmals in den Text einzubeziehen. Der Text in diesem Abschnitt hat sich nur auf das zum Verständnis der angeführten Ergebnisse sowie der daraus herzuleitenden Zusammenhänge Notwendige zu beziehen.

Die Interpretation der Ergebnisse soll so erfolgen, daß ihr Aussagewert dem Leser ohne weiteres klar wird. Insbesondere ist auf die oft zu vermissenden klaren Schlußfolgerungen in diesem Abschnitt hinzuweisen. Ohne eine Deutung der Ergebnisse verliert jede wissenschaftliche Arbeit an Wert. Hinweise auf die weitere Entwicklung der Arbeit und Schlußfolgerungen für Forschung und Praxis erhöhen den Informationswert des Beitrages.

Der Höchstumfang der Zusammenfassungen ist auf 20 Schreibmaschinenzeilen zu begrenzen. Dem kommt auch insofern Bedeutung zu, als alle Autorenzusammenfassungen sämtlicher in den Archiven erscheinenden Beiträge als Referate in das LZ übernommen werden. Jede Zusammenfassung hat sich auf die Wiedergabe der wichtigsten Ergebnisse mit den daraus gezogenen Schlußfolgerungen zu beschränken; eine reine Inhaltsbeschreibung ist zu vermeiden (siehe „Merkblatt über die Anfertigung von Zusammenfassungen“).

Im Literaturverzeichnis sind nur die tatsächlich in die Arbeit einbezogenen Literaturstellen anzuführen.

Kommission für Veröffentlichungen der DAL

Richtlinien zur Anwendung des Depot-Systems in Archiven und wissenschaftlichen Zeitschriften der DAL

1. Anfertigung von Informationsartikeln

Der Informationsartikel gilt als Originalbeitrag. Er ist ein in sich abgeschlossener Fachartikel, der die wichtigsten Informationen einer ausführlichen wissenschaftlichen Arbeit in ihrem logischen Zusammenhang enthält. Der Informationsartikel ist vom Autor selbst zu erarbeiten und darf je nach Länge des ausführlichen Beitrages 6 – 8 Schreibmaschinenseiten (zweizeilig, einschl. Abb. und Tab.) nicht überschreiten.

Der Informationsartikel muß konkrete Aussagen enthalten und sollte nur in dem als Fußnote angegebenen Bezugshinweis auf den ausführlichen Beitrag verweisen. Den nicht direkt mit dem Thema vertrauten Leser muß der Informationsartikel so ausreichend informieren, daß sich die Ergebnisse verwerten lassen, ohne die ausführliche Fassung zu lesen. Dem Spezialisten muß er die Entscheidung ermöglichen, ob der ausführliche Beitrag angefordert werden muß oder nicht.

Die für Zeitschriftenbeiträge übliche Gliederung sollte im Prinzip auch für Informationsartikel beibehalten werden, wobei jedoch nähere Angaben zur Methode sowie ausführliche Erklärungen der Ergebnisse entfallen. Kurze Schlußfolgerungen und eine Zusammenfassung von höchstens 20 Zeilen Umfang bilden den Abschluß. Der Teil „Ergebnisse“ kann durch ein Minimum an Abbildungen und Tabellen mit den wichtigsten Daten ergänzt werden. Ein Literaturverzeichnis entfällt.

Die Gestaltung des „Manuskriptkopfes“ bei Informationsartikeln entspricht der von ausführlichen Beiträgen. Die Titel beider Manuskripte müssen übereinstimmen.

2. Verfahrensfragen

Die Autoren sind künftig verpflichtet, den Redaktionen zusammen mit jedem Manuskript einen entsprechenden Informationsartikel zur Verfügung zu stellen (beide Manuskripte zweifach). Der Autor überträgt damit dem Herausgeber der Zeitschrift das Verlagsrecht sowohl an dem ausführlichen Beitrag als auch an dem Informationsartikel. Er darf also beide nicht ohne Genehmigung des Herausgebers an anderer Stelle veröffentlichen.

Die Redaktionskollegien der Zeitschriften entscheiden, ob ein Beitrag als Informationsartikel oder in ausführlicher Form veröffentlicht wird. Ausschlaggebend für die Auswahl müssen Aktualität und Informationswert der Beiträge sein.

Für alle Beiträge wird ein Honorar von 50,– M gezahlt, unabhängig davon, ob die ausführliche oder die kurze Fassung erscheint.

Das Fachdepot verwaltet die Landwirtschaftliche Zentralbibliothek im Institut für Landwirtschaftliche Information und Dokumentation Berlin der DAL. Sie stellt die angeforderten Kopien in kürzester Frist zur Verfügung. Als Gebühr für den Bezug von Kopien werden 0,80 M, von Mikrofilmen 0,20 M je Manuskriptseite erhoben. In der Zentralbibliothek selbst können die ausführlichen Beiträge eingesehen werden.

Jeder Informationsartikel erhält eine Fußnote (Bezugshinweis), aus der hervorgeht, von wo Kopien bzw. Mikrofilme des ausführlichen Beitrages zu beziehen sind.

Im Inhaltsverzeichnis der Zeitschriften werden die Informationsartikel wie die ausführlichen Beiträge behandelt.

Die zur Speicherung vorgesehenen Beiträge müssen sauber maschinenschriftlich im Format A 4 – fortlaufend numeriert – vorliegen, so daß sich einwandfreie Kopien herstellen lassen. Handschriftliche Ergänzungen, die auf ein Minimum zu beschränken sind, müssen mit schwarzer Tinte eingetragen sein. Abbildungen und Tabellen sind ebenfalls auf Format A 4 zu schreiben, zu zeichnen oder zu montieren.

Die vom Depot zur Verfügung gestellten Kopien der ausführlichen Beiträge sind durch ein entsprechend formuliertes Titelblatt urheberrechtlich geschützt.

Diplomarbeiten, Dissertationen und Habilitationsschriften können künftig in den Archiven und wissenschaftlichen Zeitschriften der DAL in erster Linie nur noch als Informationsartikel erscheinen. Die ausführliche Fassung fließt jedoch nicht in das Depot ein, sondern ist auf dem üblichen Wege in Bibliotheken auszuleihen. Der Bezugshinweis wird in diesen Fällen entsprechend geändert.

Kommission für Veröffentlichungen der DAL

Kolibri 360 GmbH
Ferdinand-Jühlke-Straße 7
99095 Erfurt, Deutschland
produktsicherheit@kolibri360.de